高素质男孩的梦想成真课

陈涛⊙编著

新世界出版社

图书在版编目（CIP）数据

高素质男孩的梦想成真课 / 陈涛编著. -- 北京 :
新世界出版社, 2014.4
（不一样的优秀生系列）
ISBN 978-7-5104-4608-5

Ⅰ. ①高… Ⅱ. ①陈… Ⅲ. ①男性－成功心理－青年读物②男性－成功心理－少年读物 Ⅳ. ①B848.4-49

中国版本图书馆CIP数据核字(2013)第211579号

高素质男孩的梦想成真课

策　　划：北京华语世图图书中心
作　　者：陈　涛
责任编辑：苏一沫　陈阳阳
责任印制：李一鸣　刘学伟
出版发行：新世界出版社
社　　址：北京西城区百万庄大街24号（100037）
发 行 部：（010）6899 5968　（010）6899 8733（传真）
总 编 室：（010）6899 5424　（010）6832 6679（传真）
http://www.nwp.cn
http://www.newworld-press.com
版 权 部：+8610 6899 6306
版权部电子信箱：frank@nwp.com.cn
印　　刷：北京龙跃印务有限公司
经　　销：新华书店
开　　本：720mm × 1000mm　1/16
字　　数：220千字
印　　张：12
版　　次：2014年4月第1版　2014年4月第1次印刷
书　　号：ISBN 978-7-5104-4608-5
定　　价：20.00元

前 言

雄鹰张开双翼，搏击长空，俯首骋望；飞蛾振翅起舞，扑向火焰，遍体鳞伤；依米小花沉寂五年，努力绽放；男孩子坚持勤奋，拼搏进取，奔向梦想。究竟什么才算是达到梦想？如何才能实现梦想？有没有一个课堂，可以让男孩子梦想成真？

英国伟大的浪漫主义诗人拜伦曾经说过："青年人满身都是精力，正如春天的河水那样丰富。"诚如是，青年们有着煦色韶光，如果在青年时就树立起远大的理想，并一直为梦想而拼搏奋斗，这必将成为这个青年人生一笔宝贵的财富。

对于一个男孩，梦想犹如照在他心灵上的阳光，没有阳光，他就不能成长。怀揣着梦想的男孩能够拥有属于自己的目标，并不断去努力，这是一个成长的过程，这是一个破茧成蝶的蜕变。

诗坛圣手陈子昂，二十四岁考取进士。身怀"宁为百夫长，胜作一书生"的远大政治抱负；诗圣杜甫，青年时代登顶泰山，展现"会当凌绝顶，一览众山小"的宽广胸怀；边塞诗人王昌龄从军边塞，表达"黄沙百战穿金甲，不破楼兰终不还"的爱国之情。他们都在为自己的梦想而奋进，千百年后，我们仍能从诗句中感受到他们那远大的志向，追逐梦想的坚定与青春的热忱。

然而实现梦想的道路未必是平坦顺利的。男孩会面对青春的迷茫，会面对无数的困惑，会面对人生的挑战。而男孩如何翻越这些阻碍，从而去让自己梦想成真呢？

坚定的目标犹如明灯，照亮黑暗的路途。他，在中学就树立起"为中华崛起而读书”的信念，全身心投入共产主义事业上，以人民的疾苦为忧。新中国成立后，他夜以继日地辛勤工作，时刻为国着想，真正体现自己青年时“为中华崛起”的信念，他就是人民敬爱的周总理。

坚持的精神犹如强风，扬起前进的风帆。他十七岁进入牛津大学攻读自然科学，成绩优异，在二十一岁时被诊断出患有一种罕见的疾病。但他却没有消沉，而是始终保持一种坚持的精神，不断和病魔做斗争，完成《时间简史》这一科普巨作，在许多科研领域上有着卓越的贡献，他就是史蒂夫·霍金。一种笃定的意志鼓舞着他几十年来坚持科学研究。

生活的苦难犹如磨刀石，磨砺出坚强的意志。哈佛大学的一个老师在演讲中说，哈佛学生除了学术，一般都具备三个条件。第一多样的文艺；第二超强的体育；第三就是苦难经历。这种苦难不是命运的不公平，相反是一段珍贵的经历。哈佛大学的学生有着骄人的成果绝不仅仅是因为成绩优异，更有后天的磨炼。

本书为男孩精选许多励志的故事，如同一个充实的梦想课堂，它教育男孩应对成长中的苦恼，帮助男孩解决生活中棘手的问题，挖掘男孩发展中体现的潜力。这是一部男孩成长历程中不可多得的好书，是一堂男孩子不容错过的课程。

加油吧！男孩，勇攀人生的高峰，眺目远望；努力吧！男孩，扬起自信的风帆，乘风破浪；奋进吧！男孩，插上梦想的翅膀，自由飞翔！

目 录

第一章 健康的身体是一切的基本

第二章 为梦想万里狂奔

第三章 男孩要利用好你的创造潜能

第四章　成功需要多动脑子

第五章　男儿要时刻维护自己的自尊

第六章　坚持让你的未来繁花似锦

第七章　男孩要学会抓住机遇

第八章　优秀的男孩要提升自己的管理能力

第九章　勤奋的男孩方能成大器

第十章　真诚的男孩注定会成功

第十一章　认真的男孩最可爱

第十二章　适应改变的男孩

第十三章　自制力让你离成功更近

第十四章　男子汉要学会取舍

第十五章　勇敢去挑战，做自己的英雄

第一章

健康的身体是一切的基本

坏习惯是你走向成功的障碍

约翰尼·卡特早就有一个梦想——当一名歌手。参军后，他买到了自己有生以来的第一把吉他。他开始自学弹吉他，并练习唱歌，甚至自己创作了一些歌曲。服役期满后，他开始努力工作以实现当一名歌手的夙愿，可他没能马上成功。没人请他唱歌，就连电台唱片音乐节目广播员的职位也没能得到。他只得靠挨家挨户推销各种生活用品维持生计，不过他还是坚持练唱。他组织了一个小型的歌唱小组在各个教堂、小镇上巡回演出，为歌迷们演唱。最后，他灌制的一张唱片奠定了他音乐生涯的基础。他吸引了两万名以上的歌迷，金钱、荣誉、在全国电视屏幕上露面——所有这一切都属于他了。他对自己坚信不疑，这使他获得了成功。

然而，卡特又接着经受了第二次考验。经过几年的巡回演出，他被那些狂热的歌迷拖垮了，晚上须服安眠药才能入睡，而且还要吃些“兴奋剂”来维持第二天的精神状态。他开始沾染上一些恶习——酗酒、服用催眠镇静药和刺激兴奋性药物。他的恶习日渐严重，以致对自己失去了控制力。从此，他不是出现在舞台上而是更多地出现在监狱里，到了1967年，他每天需吃一百多片药片。

一天早晨，当他从佐治亚州的一所监狱刑满出狱时，一位行政司法长官对他说：“约翰尼·卡特，我今天要把你的钱和麻醉药都还给你，因为你比别人更明白你能充分自由地选择自己想干的事。看，这就是你的钱和药片，你现在就把这些药片扔掉吧，否则，你就去麻醉自己，毁灭自己，你选择吧！”

卡特选择了生活。他又一次对自己的能力做了肯定，深信自己能再次成功。他回到纳什维利，并找到他的私人医生。医生不太相信他，认为他很难改掉吃麻醉药的坏毛病，医生告诉他：“戒毒瘾比找上帝还难。”

卡特并没有被医生的话所吓倒，他知道“上帝”就在他心中，他决心“找到上帝”，尽管这在别人看来几乎不可能。他开始了他的第二次奋斗。他把自己锁在卧室闭门不出，一心一意就是要根绝毒瘾，为此他忍受了巨大的痛苦，经常做噩梦。后来在回忆这段往事时，他说，他总是昏昏沉沉，好像身体里有许多玻璃球在膨胀，突然一声爆响，只觉得全身布满了玻璃碎片。当时摆在他面前的，一边是麻醉药的引诱，另一边是他奋斗目标的召唤，结果他的信念占了上风。

九个星期以后，他又恢复到原来的样子了，睡觉不再做噩梦。他努力实现自己的计划。几个月后，他重返舞台，再次引吭高歌。他不停息地奋斗，终于又一次成为超级歌星。

习惯能成就一个伟大的人，同样也可以毁灭一个成功的人。拒绝坏习惯的纠缠，拒绝它无休止地拖累你，用坚强的意志战胜它，你会发现生活的天空格外晴朗。

智慧宝箱

拿破仑·希尔说：“习惯能成就一个人，也能摧毁一个人。”习惯有时会成为你成功的障碍，让你扔掉握在手里的机会——坏的习惯尤其如此。习惯是一种顽强的力量，它可以左右人的一生。如果你养成了良好的生活习惯，杜绝损害健康的坏习惯，就等于事业成功了一半；反之，就离失败不远了。

健康的身体千金不换

很久以前，一名妇女发现三位蓄着花白胡子的老者坐在家门口。她不认识他们，就说:“虽然我不知道你们是什么人，但各位也许饿了，请进来吃些东西吧。”

三位老者问道:“男主人在家吗？”她回答:“不在，他出去了。”

老者们答到:“那我们不能进去。”

傍晚时分，妻子在丈夫到家后向他讲述了所发生的事。丈夫说:“快去告诉他们我在家，请他们进来。”

妻子出去请三位老者进屋。但他们说:“我们不一起进屋。”其中一位老者指着身旁的两位解释:“这位的名字是财富，那位叫成功，而我的名字是健康。”接着，他又说:“现在回去和你丈夫讨论一下，看你们愿意我们当中的哪一个进去。”

妻子回去将此话告诉了丈夫。丈夫说:“我们让财富进来吧，这样我们就可以黄金满屋啦！”妻子却不同意:“亲爱的，我们还是请成功进来更妙！”

他们的女儿在一旁倾听。她建议:“请健康进来不好吗？这样一来我们一家人身体健康，就可以幸福地享受生活、享受人生了！”

丈夫对妻子说:“听我们女儿的吧，去请健康进屋做客。”

妻子出去问三位老者:“敢问哪位是健康？请进来做客。”健康起身向她家走去，另外两人也站起身来，紧随其后。

妻子吃惊地问财富和成功:“我只邀请了健康。为什么两位也随同而来？”两位老者道：“健康走到什么地方我们就会陪伴他到什么地方，因为我们根本离不开他。如果你没请他进来，我们两个不论是谁进来，很快就会失去活力和生命，所以，我们在哪里都会和他在一起的！”

智慧宝箱

人生的幸福之一是保证你的健康。健康是一切财富与成功的基础。只有拥有健康，你才有取得财富和成功的资本。如果以丧失健康为代价来换取财富和成功，那么在生命面前这些功成名就也变得毫无意义了。你要永远的记住，不论考第一名的诱惑有多大，赚钱的动力有多强，都不要忘记自己的健康。要永远把保证身体健康放在首位。

小习惯，大危害

小利下班回家，将昨晚剩下的大半碗青菜，从冰箱里拿出来加了点水，煮了碗面条吃。谁知正在午睡时，被阵阵肚子痛给痛醒了。他从床上爬起来，觉得头发晕，浑身软瘫无力、恶心，接着又呕吐了两回，还拉肚子，有点发喘。

再看自己的手，指甲青紫，连皮肤也变色了。于是他急忙给妻子打电话，没说两句话，眼一黑，便倒在地上……等小利醒过来，睁开眼看看，才知道自己躺在医院的病床上，鼻孔插着吸氧的管子，正打着吊针。医生告诉他这是食物中毒,已经给他用上了亚甲蓝这种特效药，现在基本上没事了。

小利心中颇感蹊跷，剩菜是从冰箱里拿出来，放到锅里煮开了，然后又下了面条煮熟才吃的，菜也没变质，就是有细菌也给杀死了，怎么引起食物中毒呢？

医生解释到，许多人都有吃剩饭的习惯。在人们的心目中，大都认为剩饭菜只要不变质发馊，吃时再加热就万事殊不知，加热不仅消除不了剩青菜中含有的毒素，还会使毒性增强，吃后极易发生中毒，不及时抢救可造成死亡。

原来，在各种绿叶蔬菜中都含有不同量的硝酸盐，尤其是如今大量使用化肥，致使菜中含的硝酸盐增多。买回的青菜放的时间长了，或烧熟的菜放置过久，菜中的硝酸盐在细菌的作用下，会被还原为亚硝酸盐。

对这种含有亚硝酸盐的剩菜，即使放入冰箱内的冷藏室也不管用。将剩菜拿出来进行加热，不仅不能除掉有毒的亚硝酸盐，而会使菜中剩余的硝酸盐在高温的作用下分解为更多的亚硝酸盐，加剧了毒性。

过多的亚硝酸盐进入人体被吸收到血液后，可使血中的低铁血红蛋白转化为高铁，血红蛋白，失去携带和运送氧的能力，各组织器官得不到充足的氧，机体就会出现缺氧症状，轻者口唇及指甲青紫、恶心呕吐、腹痛腹泻，若缺氧严重，大脑神经受损，全身皮肤变得青紫，陷入昏迷、抽搐，抢救不及时，可造成死亡。

知道自己中毒的原因以后，小利明白今后不能再随便吃剩菜了。

智慧宝箱

在生活中，我们有许许多多的不良的生活习惯，有些甚至自己都没察觉到。恰恰就是这些看似不起眼的坏习惯带来的危害成为了毁坏我们健康的元凶。我们要多多从小利身上汲取教训，加强健康常识的学习和积累，不要因为一点小的失误而葬送了自己的健康，甚至危及到生命。

工作之余要休息

理查德·拉特纳是英国伦敦金融城最著名的分析师之一，在全球的零售行业研究中也颇具声望。他的评论风格兼有尖刻、风趣和亲和，被誉为最有个性的分析师。英国著名的连锁百货商店玛莎的总经理说："拉特纳把幽默带入了这个枯燥的行业。他总是那么见多识广，似乎知道所有的业内信息和传闻。"

然而这位正处于事业发展顶峰的成功人士却突发心脏病去世。去世时年仅 58 岁。身后留下他的妻子和三个孩子。

在一个医疗福利条件良好的欧美国家，男性平均寿命一般都在 75 岁以上，拉特纳 58 岁就去世，可谓英年早逝。但看看他的生活方式，似乎又在情理之中。

他在行业里一直被称为劳动模范，他的努力是常人所不能及的。拉特纳每天凌晨 4：30 起床，晚上 21：30 才到家。即便吃饭娱乐时间不算，他每天睡眠时间恐怕也只有五、六个小时。年近花甲的人，往往睡眠时间比年轻时少很多。但同样睡五个钟头，白天养鸟遛狗的退休老人，和长期处于高压力和亢奋状态下的中老年证券分析师，其健康状态显然是不可同日而语的。

此外，拉特纳平时嗜好口味很重的泰国菜和烤肉，而不怎么吃绿叶蔬菜，很少考虑健康饮食、合理配置营养结构的问题。另外，他进餐时的习惯也不太好。绰号"小猪爱好者"的拉特纳，每次在餐桌上大快朵颐时，另一大乐趣就是滔滔不绝地谈论他最热衷的话题，诸如铁路运输、英国军事史、公立学校的教育，当然，还有他的老本行商业零售业。用餐时神经过于亢奋，不仅不利于血液进入胃部帮助消化吸收，也会导致内分泌、血液循环的紊乱。

近10年来，以冠心病为主的心脏病成了心脏病家族中的新宠。它迅速在暴饮、暴食、起居无常的中、青年人群中找到了一席之地。目前中国年轻人动脉粥样硬化发病年龄最小的为16岁，高分布人群在20岁到30岁之间，其中男性比女性高近5倍。

有些人即便在白天睡觉，晚上工作，看似保证了睡眠，其实也未必如愿。熬夜和作息时间倒错，也是心脏病主要成因之一。研究表明，常在晚上工作易引发心脏病，这是因为人体的心脏器官无法对午夜工作产生良好反应。研究人员还发现，神经活动能加速心脏的跳动，而夜班工作人员的神经活动不像早上和下午工作的人那么活跃。这好像在冷天启动汽车一样，引擎还没有预热，就以最快的速度启动。而且，神经活动规律阻碍人体生物钟随着工作时间的变化而变动。因此，人们无法像我们所想象的那样，轻而易举地适应倒班工作，这也就是晚间工作的人易患心脏病的原因。

可怕的是，突发性心脏病不仅仅是老年人、高血压及过度肥胖者的专利，对证券行业很多看似健康的人来说，它可能是看不见的定时炸弹。心脏病可发生于任何一个年龄段中，每年数百万得心脏病的患者中，许多是年富力强、充满活力的男性。包括心脏病在内的心血管疾病，在金融证券行业的男性中是很流行的。这可能跟这个行业的从业人员工作压力大、作息时间不规律、缺乏锻炼、应酬多导致暴饮暴食、酒精烟草摄入多等因素有关。

智慧宝箱

长时间地工作，休息不足，甚至起床太早，都是人类健康的最大杀手。据医学报告说：每周工作60个小时以上、长期睡眠不足的人，心脏病发作的几率可能是普通人的两倍。连续两晚睡眠时间少于5小时，心脏病发作的可能性比正常状态高出一至两倍。为此，专正常良好的作息状态是每周最多工作不超过40个小时。青少年朋友从小学会合理安排时间，提高学习和工作效率，不占用过多休息时间用来学习和工作，健康的生活方式、充分的休息是做好其他事情的前提。

孔子教你如何养生

有一次楚国大夫叶公问孔子的学生子路："你们的孔夫子是个怎样的人？"子路一时不知怎样回答人。孔子知道了这件事后对子路说："孔子这个人啊，发愤时可以忘了吃饭，高兴时什么忧愁都扔掉了。他啊，连快要老了自己还不知道。"应该说，正是这种开阔的心境使孔子获得了长寿。

孔子曾以"三十而立……六十而耳顺，七十而从心所欲，不逾矩"概括他一生几个阶段的特点。他的话就是很深刻的养生经。人到了老年，自己的行为能把握得住，也能放得开，进入一个人能"解脱一切"的状态，这时，不为世事所困扰，对一切顺境、逆境都看得很开，变得眼界高超，虚怀若谷。

但这又不是看破红尘，消极避世，而仍然是积极进取，追求理想，享受生活乐趣。所以孔子晚年还致力于编撰《春秋》，不倦地学习《易》，以至"韦编三绝"，还继续给弟子上课。

孔子晚年饮食很讲究，有"八不食"的习惯，从现在的保健、饮食卫生观点看，大部分也是正确的，要求高的。这“八不食”分为三类：一、色味方面：食物变颜色了不吃，变味了不吃。二、食物质量方面：粮食陈旧了不吃，鱼和肉不新鲜了不吃，不时新的菜蔬不吃。三、制作方面：烹调不当的食物不吃，佐料放得不妥的饭菜不吃，从市场上买回来的酒和熟肉不吃。这八不吃，对饮食卫生的要求很全面，对当代人也是一种启发。

智慧宝箱

健康的体魄可以增强人们各部分机能的力量，而使其效率、成就较之体力衰弱的时候大大增加，也使人在学习和工作上处处取得成效、得到帮助。所以，凡是有志成功、有志上进的人，都应该爱惜、保护体力与精力，而不使其有稍许浪费于不必要的地方，因为体力、精力的浪费，都将可能减少我们成功的可能性。

孔子的智慧与长寿和他日常在心灵与身体的保健很大的关系。在一切知识、金钱、地位、荣誉面前，只有拥有健康才能拥有一切，才是最幸福的。学会关注自己，学会保护自己，妥善管理好自己的健康，我们才能更好地享受人生。

第二章

为梦想万里狂奔

不出卖梦想

芝加哥市一位名叫赛尼·史密斯的中年男子，向当地法院递交了一份诉状，要求赎回自己去埃及旅行的权利。因为它涉及的内容非同寻常，立即引起了人们极大的关注。

事情发生在40年前，当时赛尼·史密斯只有6岁，在威灵顿小学读一年级。有一天，品德课老师玛丽·安小姐给学生们布置作业，让大家说出自己未来的梦想。全班24名同学都非常的积极和踊跃，尤其是赛尼，他一口气就说出两个：一个是拥有一头属于自己的小母牛，另一个是去埃及旅行。

当玛丽·安小姐问到一个名叫杰米的男孩时，不知怎么搞的他一下子没想出自己未来的梦想，因为他所想到的，别人都说了。为了让杰米也拥有一个自己的梦想，玛丽·安小姐建议杰米向同学购买一个。于是，在老师的见证下，杰米就用3美分向拥有两个梦想的赛尼买了一个。由于赛尼当时太想拥有一头自己的小母牛了，于是就把第二个梦想——“去埃及旅行”卖给了杰米。

40年过去了，赛尼·史密斯已是人到中年，并且在商界小有成就。40年来，他去过很多地方，如瑞典、丹麦、希腊、沙特、中国、日本，然而他从来没有去过埃及。难道他没想过去埃及吗？不，他想过。据他说，自从卖掉去埃及的梦想之后，他就从来没忘记过这个梦想。但是，作为一个虔诚的基督徒，他不能去埃及，因为他已经把这个梦想卖掉了。

现在，他和妻子打算到非洲去旅行，在设计旅行线路时，妻子提议埃及的金字塔是重点观光项目。赛尼·史密斯忍无可忍了，他决定赎回那个梦想，因为他觉得只有这样，他才能心安理得地踏上那片土地。

令人遗憾的是，赛尼·史密斯没有如愿以偿。经联邦法院认定，那个梦想已经价值3000万美元，赛尼·史密斯要想赎回必然倾家荡产。其中的缘由，从杰米的答辩状中可以略知一二。

杰米是这样说的："在我接到史密斯先生的律师送达的副本时，我正在打点行装，准备全家一起去埃及，这好像是我一口回绝史密斯先生要求赎回那个梦想的理由。其实，真正的理由不是我们正准备去埃及，而是这个梦想本身的价值。

"小时候我是个穷孩子，穷到不敢拥有自己的梦想。然而，自从我在玛丽·安小姐的鼓励下，用3美分从史密斯先生那里购买了这个梦想之后，我彻底改变了。我的心灵变得富有了，我不再淘气，不再散漫，不再浪费自己的光阴，我的学习有了很大进步。我之所以能考上华盛顿大学，我想完全得益于这个梦想，因为我想去埃及。

"我的儿子现在斯坦福大学读书，我想也是得益于这个梦想，因为从小我就告诉他，我有一个梦想，那就是去埃及，如果你能获得好的成绩，我就带你去那个美丽的地方。我想他就是在埃及金字塔的召唤下，走入斯坦福大学的。现在我在芝加哥拥有6家超市，总价值超过2500万美元。我想，如果没有那个去埃及旅行的梦想，我是绝对不会拥有这些财富的。

"尊敬的法官和陪审团的各位女士、先生们，我想，假如这个梦想属于你们，你们也一定会认为它已经融入你们的生命之中，已经和你们的生活、你们的命运紧密相连。你们也一定会认为，这个梦想就是你们的无价之宝。"

要花3000万美元赎回一个以3美分卖出去的梦想，在有些人看来也许没有必要，或者说根本不值得。然而，赛尼·史密斯却发誓说，哪怕花两个3000万，也要将那个梦想赎回。因为，现在他才明白，人的一生中最珍贵的东西就是——梦想。

智慧宝箱

人生最大的幸福就是过自己喜欢的生活，做自己喜欢做的事情，实现自己心中最美好的愿望。虽然有些时候会事与愿违，也许目前的生活并不是你想要的，但无论如何请不要放弃追求梦想和追求美好生活的信念。梦想无论怎样模糊，总潜伏在我们心底，使我们的心境永远得不到宁静。不要出卖自己的梦想，正视它，直到这些梦想成为事实。

“梦想”≠“梦”+“想”

1998 年的一天，在加拿大的一所小学里，老师正在跟他的学生讲述非洲人民的生活状况：那里的孩子喝不上洁净的水，成千上万的人因为喝了受污染的水死去。6 岁的瑞恩·希里杰克深受震惊，于是，为非洲的孩子挖一口井成了他强烈的梦想。

刚一放学，瑞恩就迫不及待地冲进家，可怜巴巴地向妈妈伸出手说，“妈妈，给我钱，我要给非洲的孩子修一口井，好让他们有水喝。”妈妈认真地对瑞恩说：“如果你真的想要，可以通过自己的劳动凑齐这一笔钱，比如打扫房间、清理垃圾，我会给你报酬。”

瑞恩得到的第一个任务是吸地毯，他干了两个多小时，妈妈“验收”后，往饼干盒里放了两块钱。几天后，全家人去看电影时，瑞恩一个人留在家里擦了两个小时窗子，赚到第二个两块钱。

四个月过去了，当瑞恩把辛苦积攒的几十元钱交给有关组织时却得知，挖一口井实际需要 2000 加元。回到家后，瑞恩非但没有放弃，反而干得更加卖力了。每当爸爸妈妈劝他放弃时，他就说：“我一定要赚到足够的钱，为非洲的孩子挖一口水井！”

渐渐地，大家都知道了瑞恩的这个梦想。邻居和朋友都开始帮助他。接着，瑞恩的故事上了报纸和电视，他的名字传遍了整个国家。一个月后，在他家的邮筒里出现了一封陌生的来信，里面有一张30万元的支票，还有一张便条："但愿我可以为你和非洲的孩子们做得更多。"接下来，在不到两个月的时间里，又有上千万元的汇款来支持瑞恩的梦想。

2001年3月，"瑞恩的井"基金会正式成立。如今，"瑞恩的井"基金会筹款已达75万加元，为非洲缺水国家建造了70多口井。在缺水最严重的非洲乌干达地区，有56%的人能够喝上纯净的井水了。

事后有人问瑞恩："你为什么要这样做呢？"

瑞恩平静地说："这是我的梦想，我坚信这个世界上没有什么事情是不可能的，只要你想做，你就能成功！"

智慧宝箱

"梦想"≠"梦"+"想"，它的实现需要付诸实际行动之中。如果只是随便说一说、想一想，那么梦想的存在毫无意义。年仅6岁的瑞恩·希里杰克之所以能推动非洲众多人口缺水问题的解决，实现了"为非洲孩子挖一口井"的梦想，正是因为他相信只要努力去做，没有什么是不可能实现的。不要把梦想和现实的距离想得过于遥远，你所需要的是把内心的渴望化为行动的动力，大胆的向心中的梦想进军。

不要停下追梦的脚步

家住四川省的小杰，年近18岁，体重却已经达到240多斤。浓密卷曲的短发，肥大的牛仔裤和白色T恤，除了超级肥胖的身材外，站在人群中，他毫无引人注目之处。

在普通人的眼中，跳舞蹈的人都是身姿轻盈小巧的，可这个体重240多斤的男孩，喜欢上了舞蹈，而且是女性舞蹈。性感的装扮，妩媚的眼神，站在舞台上的他看的如痴如醉，忘乎所以。

小时候，小杰陪妹妹去学跳舞，竟意外地痴迷上这门艺术。由于喜欢模仿女生的舞蹈，街坊邻居议论纷纷。上初中后，同学们也对他冷眼相向，甚至搞恶作剧故意整他。父母希望他多些阳刚之气，反对他跳女孩子的舞，他就偷偷看着电视学，对着镜子跳舞给自己看。

但是小杰对舞蹈的痴迷程度远远不限于一门爱好，成为一名舞蹈演员，有朝一日站在舞台上让很多很多的人看到自己跳舞是他的梦想。当大多数同龄人正沉浸在电视和网络中时，他却为了追寻自己的梦想付出了超乎寻常的艰辛努力，也承受了太多来自家人和外界的压力。可他始终坚信自己有朝一日能像专业演员那样以自己的肥胖之躯登上舞台。

当小杰向家人宣布宣布自己将舞蹈作为人生方向时，父亲却大发雷霆："不准再跳舞了！再跳，把你的手砍断！"他从未见过慈祥的父亲如此严厉，觉得犹如世界末日来临。但他依然在坚持着，甚至偷偷报名参加了电视台的舞蹈比赛，并且取得了名次。小杰的父母知道他获奖以后，态度慢慢地转变了，从坚决反对变成了支持儿子的舞蹈事业。

小杰自编自演的作品《舞魂》在学校艺术节展演上获一等奖，又以此参加了元旦文艺晚会。他的勇敢与自信迎来了师生们赞许的目光，同学们这样评价他："从外表看，他身体过于肥胖，可是他能把舞蹈跳得那样出神入化，就像把握了舞蹈的灵魂，的确让人佩服。"

为了深入学习专业舞蹈知识，小杰决定去报考艺术学校，看到这个身材肥胖的小伙子，起初老师坚决不收："虽然你舞蹈功底很好，但是你太胖了，不适合跳舞。"他便强迫自己节食减肥，一周减下十几斤，身体几近虚脱。老师终于被感动了："学吧，只要你不放弃，我们也决不放弃。"

由于太过肥胖，小杰练习专业技巧动作比别人更难，空翻、单手翻……每次练习课下来，他浑身疼痛，身上青一块紫一块的。两年的刻苦训练，现代舞、古典舞、傣族舞，他都能熟练地演绎和表现。老师这样评价他：“舞蹈风格鲜明，有很强的舞台表现力，而且很自信。”

随后，小杰在全省的艺术人才大赛上获得了一等奖，并且应邀去电视台的大型晚会为明星伴舞。好多媒体纷涌而至，来采访这位执著于舞蹈艺术的年轻人。他的梦想一步一步得成为了现实。

小杰说：我这样的身材能跳好舞蹈，这是我自己最宝贵的一种精神，或许我以后会转学表演，但我相信有这种信念支撑，无论做什么，我都能像跳舞一样创造奇迹。

智慧宝箱

在十八岁的男孩小杰心里，没有任何东西能够阻挡他追逐梦想的脚步，克服了万难，他终于一步一步地登上了梦想的舞台。在实现梦想的道路上，一个人先天条件不够好没关系，得不到他人的支持也无所谓。要知道当一个人全身心地想做成一件事情的时候，全世界都会为他让路的。只要你有一颗坚定的心和对梦想的无限热爱，就一定有能力克服万难将其变成现实。

就没有成功的可能

前美国国务卿赖斯被人称为“白宫中的黑玫瑰”，她的母亲是一位钢琴教师，赖斯很早就跟着母亲学习音乐，她的名字“Condoleezza”就是音乐术语中“甜蜜的”意思。到4岁时，她已经掌握了一些曲子，开了第一个家庭独奏会。

赖斯一直梦想成为职业钢琴家，她非常刻苦的练习钢琴，在16岁那年，她进入父亲所在的丹佛大学拉蒙特音乐学院学习钢琴演奏。她梦想着将来有一天，可以到卡内基音乐厅这样的音乐圣殿中独奏，如果不是去尝试参加比赛，她可能永远也不知道自己离梦想有多远。

那年夏天，她参加了一个著名的音乐节，也遇到了有生以来最残酷的竞争。“那些 11 岁的孩子们只看一眼，就能演奏我要练一年才能弹好的曲子。当时我想，我不可能有在卡内基大厅演奏的那一天了。”

开始重新正视自己的赖斯走进了大学生活。她在大学里开始对政治问题感兴趣，随后一直关注这方面的新闻和研究课程，幸运的是她的老师克贝尔教授，既是知名的国际事务专家，又有真知灼见，常常令赖斯茅塞顿开。很巧合的是，克贝尔还有一个比赖斯大 17 岁的女儿，她就是前任美国国务卿奥尔布赖特。

26 岁时，赖斯获博士学位，精通四门语言，专攻苏联的军事事务。在斯坦福大学的一次晚宴上，赖斯作为助教做了几句简短而有特色的致辞，这引起了当时的国家安全事务助理的布伦特？斯考克罗夫特的兴趣。斯考克罗夫特发现，他们对苏联的看法不谋而合。

后来，当斯考克罗夫特成为老布什总统的国家安全事务助理时，赖斯随后被任命为国家安全委员会苏联事务司司长，并很快成为老布什总统和夫人芭芭拉的私人朋友。赖斯与老布什一家的私交，也为她成为小布什的国务卿奠定了台阶。

在小布什当选美国总统后，赖斯理所当然地出任美国国家安全顾问，成为美国政坛最耀眼的政治女明星。

智慧宝箱

如果不去参加有专业水准的比赛，赖斯不会了解自己在钢琴上与真正的天才的差距，那样她就可能一心做着钢琴公主的梦，直到发现自己原来并不适合这一行的那一天。很多人都愿意去参加有胜算的比赛，而害怕参加难度较高的较量，因为害怕，他们留在家里胡思乱想，也不知道自己究竟有多少优势和劣势。其实失败了有什么关系，不过是重新选择的问题，不去尝试，不知道差距，这才是最可怕的。

荆棘遍地也要有梦

那年，王晓琴刚刚40岁，已经成为了外企某甲鱼场的总经理。风华正茂，平步青云的时候，命运却对她开了一个天大的玩笑，晓琴患上了乳腺癌。那一天，她照旧去甲鱼场察看甲鱼生长情况，就在她熟悉的甲鱼池边，她猝然晕倒，等她醒来听到医生告诉她的诊断结果时，晓琴的天一下子塌了。知道她生病的消息，所在公司的新加坡外商补贴了她一笔钱就毅然辞退了她。这让晓琴的心掉进了冰窟窿里。她感到有些绝望：难道自己的生命就要就此凋零？人生就这样结束了？

她痛苦着思索着，怎能让梦想刚找到航道，生命就要先赴黄泉呢？她掂量着手里所剩的积蓄，想着再为自己的事业拼搏一次。熟知甲鱼市场的晓琴决定在超市包了一节柜台，专门卖甲鱼，与其他经营者不同的是，她的柜台上多了一把手术刀，顾客买好了甲鱼，她熟练地剥皮、去腥、分割，服务精细周到，只一年时间，她的甲鱼利润就上了百万元。

她每天忙碌着，快乐着，全然不像是一个重病患者。由于过度劳累，3年后，她的乳腺瘤复发转移，更大的手术之后，医生劝她不要再干了，要她静心在家休养，说如果再复发就等于送命。而她也觉得，自己的身体每况俱下，再没有力气做任何事了。

但是对于晓琴这个不甘清闲和寂寞的事业型女强人，如此活下去是比死还要痛苦的一件事情。那段时日，无所事事、抱怨、浮躁、胡思乱想统统袭来，她似乎觉得病痛一天重于一天。在挣扎了一段时间后，晓琴意识到不能这样活下去，她要放下生命，撇开病痛，离开病床，在有限的生命里创造属于自己的人生价值，实现未完的人生梦想。

后来，她继续做她的甲鱼生意，而且做得更投入。一天，一个朋友给她送了一包干海参，让她补养身体。

海参的蛋白质含量很高，又不含胆固醇，是非常高级的滋补品。但是干海参吃起来很麻烦，要泡上好几天才能食用。晓琴忽然想到，要是海参能开袋即食多好啊。她灵机一动，何不同时开发并且经营这种开袋即食的海参？抱着这个想法，她做了一个小范围内的调查。结果，很多人在她的问卷调查上选择了“开袋即食”的产品。

那段时间里，她废寝忘食般的研究，又栉风沐雨去开发。功夫不负有心人，在下了一番辛苦之后，她终于研制出了鲜海参泡发加工的新方法，即食海参一经推出，一下子轰动了海产品市场。2008 年，晓琴的海参年销售额超过了两亿元，当之无愧地成为行业巨头。

王晓琴用生命和汗水创造了海参市场的辉煌，她成功了。虽然距上次手术已经 7 年过去了，她却依旧活着，而且活得更精神，就连当时为她主刀的医生都很感意外。是梦想灌溉了她的生命。晓琴说，不要把自己当病人，忘记病痛，全心投入到事业中去，让事业有成的快乐去滋养生命，就能驱散病魔。

智慧宝箱

“忘记伤痛，让快乐去滋养生命，就能驱散病魔。”其实，世间事哪一件又不是如此？面对名利，不为所累，才能成就名利；面对理想，不为所缚，明志忘我，方能实现理想；面对困境，不为所困，抬起头，才不会看到阴影。在绝境处追求梦想，不放弃实现自我价值，那你就能走出绝境，面对更广阔的天空。

第三章

男孩要利用好你的创造潜能

公交巴士的创新

1998年，他从全球三大顶级咨询公司之一的贝恩国际策略顾问公司中国区总裁的位置，主动请辞了下来，他当时的年薪高达100万美金。他之所以要这样做的目的只有一个，那就是自己出来创业，想要成就一番真正属于自己的事业。

当时的中国正处于经济快速发展期，但是由于人才招聘的体制不完善、不发达，致使很多公司难以找到自己心仪的人才，求职者也常常因为消息不灵通而与适合自己的工作机会擦肩而过。于是他决定创立一家人力资源服务公司，为招聘公司和求职者搭起一座通向彼此的桥梁，使得企业和人才能够实现畅通的双选。

由于受之前公司——贝恩的影响，他一开始决定将公司做到一个高端、有档次的国际性的人力资源服务公司。通过之前积累下的一些资源，他从一些大企业要来了一些招聘名额，并花高价钱在一家档次和定位很高的英文报纸，刊登了这些招聘启事，期待着能来个开门红。然而，迎接他的却是一盆冷水，没能吸引来一个求职者。

为了查明原因，他开始在一些求职者中展开调查，结果，他发现很多人都在那种印刷质量很差，拿到手都会沾满油墨的报纸上寻找招聘信息。那报纸上面密密麻麻地印着许多招聘信息，虽然貌似不起眼，但其广告效果却是出奇的好，只要在上面投放一条招聘信息，就能收到上千份的求职简历。他立即找到这家报社，表示也想承包几个发布招聘信息的广告后，对方却婉言谢绝了，称他们已经跟其他几家签订了长期合同，想借助报纸来推广自己的道路被堵死了。

既然无法借助报纸来推广自己，那么该通过何种方式推广呢？他一直在苦苦的思索：如何做到既有好的效果，花费又不多，让刚刚创立起来的公司顺利发展起来呢？

有一次，他无意间在报纸上看到一则新闻。说的是北京的公共小巴士因为乘坐的人很多，导致车座位上的头套非常脏，很多乘客对此深表不满，觉得和北京这座国际大都市的形象不符，要求公交小巴士上的头套保持干净整洁。

正苦于无处刊登广告的他立刻被这则豆腐块般大小的新闻触动了。公共小巴士上有着各色各样的乘客，上面不正聚集着大量的潜在求职者吗？他灵机一动，决定从公共小巴士身上入手，推广宣传自己。

于是，他主动找上公交公司，针对市民们反映公交小巴士上头套脏的问题跟他们一个个地分头谈，表示自己可以免费帮他们每天及时换洗头套，来重新树立起公交车的好形象。但条件只有一个，那就是头套上必须印有他们公司的电话和网站以及部分简短的宣传语。

有人愿意免费帮自己改变不好的形象，这种便宜的事情公交公司自然是满口答应。接下来就是把想法付诸实际行动的时候了。他把公司的员工全部派遣了出去，同时还招了一些学生来做兼职，所有人只做一件事——随时帮公共小巴士更换脏了的头套。

这一招果然收到了很大的效果，在给公交车小巴士换头套的行为持续了一年多以后，很多白领上班族一下子知道了他的公司，公司的名声一下子打开了。许多招聘单位也跟着主动找上门来，希望通过他们寻找到满意的人才。

获得高知晓率后，他又在全国其他的一些地方报纸上买下了不少版面，创建了以自己公司命名的招聘周刊，单期曾在全国创下 500 万份的发行量，并以报纸这种传统媒体带动自己的新型招聘网站。

凭借着这种独特有效的市场推广方式，他的公司一举从起初的行业末端爬到顶端，成为中国最大、最具权威和影响力的人力资源服务公司。现在中国包括香港的 27 个城市设有服务机构，并且在美国纳斯达克成功上市。之后,他又以 36 亿元的身价名列中国财富榜的第 21 位。

这家公司就是今天的前程无忧招聘公司，而他就是前程无忧的老总甄荣辉。

在谈及到头套创意时，他说:“如果没钱，那么你就得靠创意，新颖的创意能帮你成为市场的唯一！”

智慧宝箱

公交巴士上小小的头套竟然为一个企业打响了名号，拓展了出路。有时候，一个貌似不起眼的创意就能带来巨大的成功和财富。青少年朋友在日常生活中应该多多的观察和思考，看到普通事物中不普通的东西。提出新的想法和创意，不要轻视自己的一些小想法。小小的点子里可能就隐藏着巨大的财富。

小小易拉罐改变你的命运

有一个叫王洪怀的人，终日以拾破烂为生。

有一天他突发奇想:收一个易拉罐,才赚几分钱。如果将它熔化了，作为金属材料卖，是否可以多卖些钱呢?

于是，他把一个空罐剪碎，装进自行车的铃盖里，熔化成一块指甲大小的银灰色金属，然后花了 600 元在市有色金属研究所做了化验。化验结果出来了，这是一种很贵重的铝镁合金！当时市场上的铝锭价格，每吨在 14000 元至 18000 元之间，每个空易拉罐重 185 克，54000 个就是 1 吨。这样算下来，卖熔化后的材料比直接卖易拉罐要多赚六、七倍的钱。于是，他决定回收易拉罐熔炼。

为了多收易拉罐，他把回收价格从每个几分钱提高到每个一角四分，又将回收价格以及指定收购地点印在卡片上，向所有的拾荒人散发。

一周以后，王洪怀骑着自行车到指定地点一看，只见一大片货车在等他，车上装的全是空易拉罐。这一天，他回收了 13 万个，足足两吨半。

向他提供易拉罐的同行们，卸完货仍然又去拾他们的破烂，而王洪怀则立即办了一个金属再生加工厂。

一年内，加工厂用空易拉罐炼出了 240 多吨铝锭，三年内，赚了 270 万元。

从拾易拉罐到炼易拉罐，由于善想敢做，他挖掘出了行业中存在的潜力，这不仅改变了他所做的工作的性质，也让他的人生走上另外一条轨道。

智慧宝箱

一个小小的易拉罐改变了王洪怀的命运。青少年朋友，你成功路上的易拉罐在哪里？千万不要舍不得用你的头脑，从而让最可悲的事情发生——站在易拉罐上，你却没有发现财富。

挣脱陈规的束缚

减肥中心自从开张以来没有一点生意，在资金不足的情况下，又不能像大型减肥美容公司一般做电视、报纸广告。女老板眼看着每日如流水般的各项支出，却见不着有多少进账可以平衡这些开销，急得不知怎么办才好。

忽然一个念头跃进了她的脑海里。

隔了两个星期，报纸上登了一则广告："在本减肥中心的大门口，您绝对见不到一个胖子走出来，如发现有胖子由大门走出者，中心赠奖金10万元。"

此广告不仅被登在报纸上，而且还被登在宣传单上四处散发。这个奇特的广告吸引了许多群众围观。人们发现，每天从减肥中心大门走出来的果然都是瘦个子，见不到一个胖子。

有几个胖子心里想：我就要进去，再马上走出来，看你有什么话说。但是即使有人故意找碴儿，还是不见一个胖子由大门出来，这是怎么一回事呢？

原来女老板把大门改装成两个不同的出入口。外面看起来这两个出入口的大小形状都一样，可是，她特别在出口的内层，加装了两道很粗的钢管，人必须侧身由这两道钢管的中间通过，才能抵达出口大门。而且空隙只容得下一个侧过身的瘦子穿过去。

那么胖子怎么办呢？当然只能由减肥中心后面的小门走出去！

人们在门口看不到胖子，必定好奇地进入里面，当他想出来时，能走出来的瘦子自然得意，而必须走后门的那些富态一点的人一定愧疚地想："哇！不得了，我被列入胖子群，该减肥了！"于是就不由自主地坐下来听宣传人员的解说。

减肥中心从此生意好得不得了。

智慧宝箱

爱迪生说过："任何问题都有解决的办法，无法可想的事是没有的。"当我们认为一个问题不可能解决时，真正的问题是我们自己本身，由于我们的经验和习惯性思维才让我们无法想出高明的解决之道。绝妙的思维是存在的，它们只存在于惯性思维之外。因此，要想找到解决问题的最好办法，我们就必须挣脱陈规的束缚。要记住，面对日新月异的信息时代，只有标新立异、与众不同，才能在激烈的竞争中立于不败之地，才能不断地延伸成功，才能更好地生存与发展，才能在创业的道路上走得更远。

罗伯特的国旗创意

1958年春天的一个星期五下午，高中生罗伯特G·赫弗特坐着校车回家。他一路上都在思考历史课老师普拉特先生布置的家庭作业。老师要求全班同学各自独立完成一个课题，这个课题要能表达他们对历史这门学科的兴趣。要求是：有可视性，有独创性。作业要在下星期一完成。

路过市政厅屋顶看到美国国旗时，他对自己的课题内容有了答案：设计一面新的美国国旗。当时，阿拉斯加很快就将成为美国的第49个州，他有一个预感，其时由共和党占统治地位的夏威夷，也一定会在不久的将来，成为美国的第50个州。

回到家，一放下书包，罗伯特便着手设计心目中新的美国国旗。他画出了50个小格子，每一个格子里画上一颗五角星。思路一打开，便一发不可收，他一口气将脑海中的图案定格于稿纸上：每行6颗星，一共有5行，另外还有4行，每行5颗星。

罗伯特骑车到商店买来了一块蓝色的棉布，还有一些补衣服用的白色不干胶胶布。只要用熨斗一熨，这些胶布就会粘在棉布上。他先用硬纸板剪好五角星的样子，然后照着样子在不干胶胶布上画下100颗五角星，剪下来，这样，他就可以在蓝布的两面都各贴上50颗星了。罗伯特自己用脚踏缝纫机把这一角缝了旧国旗上去，最后，他用熨斗把缝好的新国旗熨烫平整。家庭作业完成了。

然而老师看了他的作品以后却摇了摇头，认为重新设计国旗是瞎胡闹的事情，只给他打了个及格分数。罗伯特又气又恼，非常扫兴。他据理力争，他认为自己的作业应该得到更好的分数。老师看着他说，如果你不喜欢我给你的分数，就自己把旗帜带到华盛顿去，看看政府能不能接受？

罗伯特马上骑车去了当地议员沃尔特·莫勒先生的家。敲开议员的家门，罗伯特把他自己设计的、新做的国旗拿给沃尔特·莫勒先生看，并陈述了他为什么要这样设计新国旗的原因。这个稚气未脱的17岁的高中生请求议员先生如果要举行为50个州的美利坚合众国设计新国旗的比赛，将这面旗帜推荐去参加比赛。面对这位情绪激动的中学生，莫勒先生显得手足无措，但最后答应下来。

两年后，美国总统艾森豪威尔签署了公告，宣布阿拉斯加成为美国的第49个州。这一年的8月，夏威夷就将成为美国的第50个州。这正是罗伯特所预料和期望的。美国的国旗上只有48颗星，它代表着当时美国联邦政府的48个州。有着50个州的美国，再用48颗星的国旗显然不太合适了。于是，政府开始征集新国旗的设计方案。

这时，罗伯特已经高中毕业了，成了一家工业公司的制图员。他时常想起自己设计的那面国旗，他已经听说有成千上万的国旗设计方案交了上去。国会组织了一个专门的委员会负责审查，最后选出5个方案上报给艾森豪威尔总统。

到了那年6月份的时候，一天，罗伯特正在公司的制图室工作，一位秘书上气不接下气地跑来叫他："有你的电话，是一位国会议员打来的，快去接。"打电话的人是当年罗伯特把国旗交给的那个人——议员莫勒先生。他说："孩子，我为你骄傲，艾森豪威尔总统选择了你的新国旗设计方案。祝贺你！"

罗伯特高兴得跳了起来。他买了机票飞到华盛顿，为的是亲眼去看看自己设计的新国旗被人们挂起来的样子。这是它第一次高高地飘扬在国会大厦的房顶上！那时，虽然还有成千上万的人也提出了类似的设计，但是罗伯特的方案是最先交上去的，而且它不仅仅是一个草图,它是一面真实的旗帜。这正是罗伯特的方案胜出的优越条件。从此,罗伯特设计的美国新国旗便成了这个国家正式的国旗，它很快插遍全美地；它在每一个州的议会大厦上高高飘扬；也遍插于美国驻世界各国大使馆的屋顶上。它是美国历史上唯一一面历经5届总统，现在仍然飘扬在白宫上空的国旗。

智慧宝箱

罗伯特设计的国旗最终被国家所采纳，成为我们今天所看到的美国国旗。这看似是一个奇迹，实际蕴含着这个自信而勇敢的高中生充满创意的思维，对事物敏锐的观察预测能力以及对自己成功的坚定的信念。我们也应该向罗伯特学习，认真对待老师布置的每一次作业，用心去做生活中的每一件小事，用不平凡的心态去做平凡的事，也许有一天幸运和奇迹也会降临到你的头上来。

艾维·李的创意点子

艾维·李是现代公关之父，他认为应该计划好每天的工作，这样才能带来效益。利恒钢铁公司总经理西纬伯，为自己和公司效率极低而十分忧虑，就找艾维·李提出了一个不寻常的要求:卖给他一套思维,要李告诉他如何能在短短的时间内完成更多的工作。

李说:“好，我10分钟就教你一套至少可以提高50%效率的方法。”

“把你明天必须要做的最重要的工作记下来,按重要程度编上号码。早上一上班，马上从第一项工作做起，一直做到完成为止。再检查一下你的安排次序，然后开始做第二项。果有一项工作要做一整天，也没关系，只要它是最重要的工作，就坚持做下去。如果你不建立某种制度，恐怕连哪项工作最为重要你也难以决断。请你把这种方法作为每个工作日的习惯做法。你自己这样做了以后,让你公司的人也照样做。你愿意试用多长时间都行，然后送支票给我。你认为这个办法值多少钱就给我多少。”李给了西纬伯一张纸说。

西纬伯认为这个思维很有用，不久就填了一张 25000 美元的支票给李。后来西纬伯坚持使用这套方法，在五年时间里伯利恒公司成为最大的不受外援的钢铁生产企业，而且多赚了几亿美元，他本人成了世界有名的钢铁巨头。

后来西纬伯的朋友问他为什么给这样一个简单的点子支付这么高的报酬，西纬伯提醒他的朋友：后来的事实证明，我不是给多了，而是给少了，它至少价值百万。这是我学过的各种所谓各种高深复杂方法中最得益的一种，我和整个班子第一次拣最重要的事情先做，我认为这是我的公司多年来最有价值的一笔投资!

艾维·李的方法告诉我们做任何事情都要有计划性，要分清轻重缓急，然后全力以赴的行动，这样做才能获得成功。西纬伯已经埋了单不需要我们再支付巨额的使用费，我们只管放心的使用这个简单而有效的创意就行了。

智慧宝箱

艾维·李一个小小的点子价值上百万的创意。在这个鼓励创新的年代，创意往往是最具有价值的。因为一个好的想法很可能给一个人、一个群体甚至一个社会带来积极的转变。所以青少年朋友从小就要开发自己的创新潜能，拥有较强创新能力的人在任何环境下都会处于主动地位，都会站在最前沿的位置。

第四章

成功需要多动脑子

抓住灵感的火花

有一年的冬天，正是大雪纷飞的时候，美国的冰类食品销售量出奇的好，非但没有因为寒冷的天气下降，反而飞速上升，发财心切的冰商们高兴得心花怒放，觉得这真是一个天赐良机啊！于是冰商们一哄而上，纷纷加大冰类食品的生产，大量的冰棒、冰激凌等冷饮源源不断地生产出来。物极必反，不出半个月，冰类产品的市场就已经饱和，供过于求，大量的冰棒和冰激凌被囤积，冰商们资金周转失灵，都一下子吓傻了眼。其中有一个冰商最为心急，他想，如果再这样仅仅靠坐在家里死等，无疑束手待毙，公司资金周转不灵，很快就会给拖垮的，必须要以最快的速度主动出击，想法子将仓库里囤积的货物尽快脱手。

寒冷刺骨的风雪扑面而来，这个冰商仍坚持频频外出活动，并没有因为恶劣的天气而退缩。一天，这位商人走在大街上，凛冽的寒风刺骨，他不禁愁容满面：天越来越冷了，谁还来问津冰类食品呢？他的产品还能卖地出去吗？他的公司还有救吗？

正在商人低头苦苦思索的时候，突然，一阵“哗啦哗啦”的声音传入他的耳中。商人随着声音抬头一看，原来是一张马戏团的海报，在寒风中被吹得不停地抖动。

“哎，有了！”看到这张马戏团的海报，商人不禁眼前一亮，顿时有了一个绝好的主意。他火速赶到了那个马戏团演出地点，要求见马戏团的老板。

商人走进马戏团老板的办公室，眉飞色舞地边打手势边急急发话：

"先生，请允许我为远道而来的你们做点好事。当你们每次演出的时候，请允许我的公司在剧场的大门口，赠给每位观众一份可口的炒热豌豆。"

马戏团老板听了商人的请求大喜过望，如此不费一毛钱就能为自己锦上添花的行为，他又何乐不为呢？于是他高兴地同意了商人的要求。

第二天，每位来看马戏表演的观众就已经在进场的时候得到一份热乎乎的炒豌豆了。观众们一边看着精彩的马戏表演，一边津津有味吃着香喷喷的炒热的豌豆。但是，等到演出休息的时候，观众们才突然感到，因为吃了太多的豌豆，所以口中干燥得难受。就在这个时候，剧场入口处突然涌出了一大群卖冰棒、冰激凌的孩子，虽然这些冰类食品的价格要比平时买的贵了好多，但人们还是争相走出剧场购买，以缓解口中干燥之苦。不出十分钟，大批冰类食品就被抢购一空。仅仅五天，这个冰商仓库里所有的商品就统统销售一空，这个聪明的商人，不但没有使企业陷入倒闭的惨景，反而还趁机捞进了好多美元。

智慧宝箱

好的主意有时候就是在一瞬间产生的，这时候的灵感往往会成为成功解决难题的金钥匙。智慧的火花会转瞬即逝，所以要学会紧紧抓住智慧所赠予我们的机会。

感激那些批评

哈莉·贝瑞是美国好莱坞当前最红的女明星之一，曾获得第74届奥斯卡最佳女主角奖。这位"黑珍珠美人"得到了大量的赞扬和恭维，但这并没有让她迷失，她特别认真地倾听各种批评和指责的声音。

2005年2月26日晚，贝瑞参加了第25届金酸莓电影奖颁奖仪式，成为第一位亲手接过金酸莓“最差女主角”奖杯的好莱坞女明星。

金酸莓电影奖设立于1981年，跟奥斯卡奖评选最佳相反，是专门评选“最差”影片、“最差”导演和“最差”演员等奖项的。对于这个带有恶作剧意味的颁奖，好莱坞的明星大腕们从不正眼相看，过去不仅没有一个当红女明星参加过金酸莓颁奖仪式，更没有一个女明星有勇气前来亲手接过授予自己的“最差女主角”奖杯。

哈莉·贝瑞主演的《猫女》获得了本届金酸莓“最差影片”“最差女主角”等7项大奖的提名。得知这个消息后，她就表示要参加金酸莓奖的颁奖仪式，她说：“我认为，作为一个演员，不能只听他人的溢美之词，而拒绝接受别人对你的批评和指责。既然我能参加奥斯卡颁奖典礼并接过小金人，那么我也就该有勇气去拿金酸莓的奖杯。”

面对有可能引起的尴尬局面，哈莉·贝瑞没有退缩，而是勇敢的出席了颁奖晚会。她希望能够以此为戒，让批评与指责为自己加油，成为自己不断向上的动力。

颁奖的当晚，哈莉·贝瑞走上领奖台，接过了金酸莓“最差女主角”奖杯。她发表获奖感言时说：“我这辈子从来没有想过我会来到这里，赢得‘最差’奖，这不是我曾经立志要实现的理想。但我仍然要感谢你们，我会将你们给我的批评当做一笔最珍贵的财富。”

听到这话，人们给了她一阵又一阵热烈的掌声。

颁奖过后，记者围住了哈莉·贝瑞，问她为什么竟不怕丢丑前来领奖。她说这不是丢脸，接受批评不丢脸，不接受批评反而会出更大的丑。她举了举手中的“最差女主角”奖杯说：“我要将它放在我的厨房里，我每天都会面对它。就是全世界的赞扬像飓风一样袭来的时候，只要看它一眼，我就不会被吹到云彩上面去。在许多人都赞扬和恭维你的时候，批评的声音是最珍贵的，因为它使你清醒，让你不会头脑发热自己找不到自己。”

智慧宝箱

面对责备和批评，哈莉·贝瑞没有退缩逃避，而同样当面对同学或者老师的批评的时候，你是否能够像哈莉·贝瑞那样虚心接受呢？其实，对于自己身上的一些不足和缺点，很多时候自己并不一定都能意识到，在我们身边的人对于我们的不足和缺点会更加地了解。只要我们能够对这些不足和缺点加以改进，我们同样也会赢得他们的尊重与赞美的。

借大船去远洋

美国船王丹尼尔·洛维格的第一桶金，乃至他后来数十亿美元的资产，都是借鸡生的“金蛋”。可以说，他整个事业的发展是和银行分不开的。

当他第一次跨进银行的大门，人家看了看他那磨破了的衬衫领子，又见他没有什么可做抵押的，自然拒绝了他的申请。

他又来到大通银行，千方百计总算见到了该银行的总裁。他对总裁说，他把货轮买到后，立即改装成油轮，他已把这艘尚未买下的船租给了一家石油公司。石油公司每月付给他的租金，就用来分期还他要借的这笔贷款。他说他可以把租契交给银行，由银行去跟那家石油公司收租金，这样就等于在分期付款了。

许多银行听了洛维格的想法，都觉得荒唐可笑，且无信用可言。大通银行的总裁却不那么认为。他想：洛维格一文不名，也许没有什么信用可言，但是那家石油公司的信用却是可靠的。拿着他的租契去石油公司按月收钱，这自然十分稳妥。

洛维格终于贷到了第一笔款。他买下了他所要的旧货轮，把它改成油轮，租给了石油公司。然后又用这艘船作抵押，借了另一笔款，从而再买一艘船。

洛维格的成功与精明之处，就在于他利用那家石油公司的信用来增强自己的信用，从而成功地借到了钱。

这种情形继续了几年，每当一笔贷款付清后，他就成了这条船的主人，租金不再被银行拿走，而是顺顺当当进了自己的腰包。

当洛维格的事业发展到一个时期以后，他嫌这样贷款赚钱的速度太慢了，于是又构思出了更加绝妙的借贷方式。

他设计一艘油轮或其他用途的船，在还没有开工建造，尚处在图纸阶段时，他就找好一位顾主，与他签约，答应在船完工后把它租给他们。然后洛维格才拿着租船契约，到银行去贷款造船。

当他的这种贷款“发明”畅通后，他先后租借别人的码头和船坞，继而借银行的钱建造自己的船。他有了自己的造船公司。

就这样，洛维格靠着银行的贷款，爬上了自己事业的巅峰。

智慧宝箱

西方生意上有句名言：只有傻瓜才拿自己的钱去发财。“给我一个支点，我就能撬动地球。”阿基米得的“支点”就是一种凭借。任何巨额财富的起源，建立在借贷基础上是最快捷的。就是说，要发大财先借贷。毕竟，“买船不如租船，租船不如借船”，借得大船，方能去远洋。

成功的捷径就是勤于思考

乔治·哈姆雷特在伊利诺伊州的一家退伍军人医院疗养，休闲的时间很多，可是能做的事情并不多，他就静下心来读书思考。乔治知道很多干洗店在烫好的衬衣上加上一张硬纸板，防止变形，他写了几封信向厂商洽询，得知这种硬纸板的价格是每千张 4 美元。他在静静地思考中突发灵感，在硬纸板上加印广告，再以每千张 1 美元的低价卖给洗衣店，赚取广告的利润。

乔治出院后，立刻着手进行，并持续每天研究、思考、规划。广告推出后，乔治发现客户取回干净的衬衣后，衣服的纸板丢弃不用。乔治问自己："如何让客户保留这些纸板和上面的广告？" 答案闪过他的脑际。他在纸板的正面印上彩色或黑色的广告，背面则加进一些新的东西——孩子的着色游戏、主妇的美味食谱或全家一起玩的游戏。有一位丈夫抱怨洗衣店的费用激增，他发现妻子竟然为了收集乔治的食谱，把可以再穿一天的衬衣送洗。

亿万富翁亨利·福特说："思考是世上最艰苦的工作，所以很少人愿意从事它。如果你想要成功想变得富有，你需要思考，独立思考而不是盲从他人。富人最大的一项资产就是他们的思考方式与别人不同。"

智慧宝箱

成功的捷径就是积极地进行思考，你的头脑就是你最有用的资产。成功者从不墨守成规，而是积极思考，千方百计来对方法和措施予以创造性的改进。如果你一味地只做别人做的事，你最终只会拥有别人拥有的东西。学会思考吧，每一天 1440 分钟，哪怕你用 1% 的时间来思考、研究、规划，也一定会有意想不到的结果出现。

肯鲍尼的速递创业史

20 世纪 50 年代，人们之间的通讯联系和信息交流还主要靠信件，但是由于种种原因，一些信件很难及时准确地投递到收件人手中，在华盛顿邮政局的仓库里，每年都会有许多这类无法投递出去的信件，这些因地址不详或其他原因而找不到收件人的信件，同时也退不回去，结果就丢放在邮局的角落，按照规定，这“双无”信件就是死信，存放一定时间自然会清理，而清理的办法只有一个——销毁。

世上事情就有这么怪，这一天，有一个名叫乔治·肯鲍尼的小伙子做出了令邮局瞠目结舌的举动：小伙子来到邮局，对工作人员说要帮助邮局处理这些信件，而处理的办法不是销毁，也不是卖废品，而是代邮局继续送这些信，并且承诺会和邮局签合同，不但不向邮局要一分钱,还要给邮局保证金。天下哪有这等好事！邮局不会花出一分钱，还能有投递员，更好的是说不定有些收信人还真能被找到呢。于是邮局同意了，他们的职员与小伙子签订了有法律效力的合同，小伙子就开始了每天代送这些“死信”的工作。

肯鲍尼用一辆人力三轮车拉回了全部死信，开始了走街串巷的投递。他开始在华盛顿的大街小巷寻找这些收件人。第一天，他很认真地按照信上的地址走了一遍，但没有结果。他没有任何失望的表露，好像是预料之中的事一样。第二天、第三天……一个星期过去了，他还是一无所获。但小伙子坚持下去了，不过他没有坚持到底。

是他选择放弃了吗？答案自然不是。因为在肯鲍尼送信的中途，突然峰回路转，出现了新的商机。那么，到底是怎么一回事呢？

原来，就是在这一天天的时间流逝过程中，当地的居民知道了他，并为他仔细认真的精神和敬业态度所感动，肯鲍尼因此获得了他人生中的第一个订单：某一天，肯鲍尼还是一如既往的骑着车穿梭在华盛顿的大街小巷中,为这些无人认领的信件寻找它们的主人。突然在路上，有一位老者叫住了他，让他帮助送一封急信到另一个地方，并许诺多给工钱。这位老年人告诉肯鲍尼，之所以选择他而不选择邮局，是因为他经常看到他在华盛顿大街上来回奔忙穿梭的身影，并被他的仔细认真和真诚所打动，因此拜托他将信件送到目的地。肯鲍尼接过老者的信件，以最快的速度把信件按照要求送到了目的地，同时，聪明的肯鲍尼也嗅到了一丝商机，他有预感，他将面临着一个会影响到以后人生轨迹的绝佳机会。

果不其然，在以后的日子里，肯鲍尼不断接到订单，他的业务量大增，很快，年轻的肯鲍尼就在华盛顿最繁华的街道开设了一家速递公司，第二年又在纽约开设了一家速递公司，客户络绎不绝。随后，他在华盛顿、拉斯维加斯开设了更大的速递公司，不到10年，他就在全美国开办了一百多家速递公司，总资产超过一亿美元，这个叫做肯鲍尼的名不见经传的小伙子，就是日后美国的速递大王——乔治·肯鲍尼。

智慧宝箱

肯鲍尼的速递创业史对我们众多普通人来说，至少有这么一些启示：聪明的大脑和不懈的思考。比尔·盖茨说过，最大的财富不是堆积如山的金钱，而是聪明的大脑。要用脑思考问题，思考现实，思考未来，精心谋划自己未来。

第五章

男儿要时刻维护自己的自尊

身处贫穷也要充满希望得活着

一个周末，一对衣着普通的英国夫妇，带着他们刚上小学的儿子，来到一家著名的正统西餐厅吃晚饭。

他们坐定之后，侍者递上菜单，这对夫妇点了一份价格最低的牛排。侍者脸上露出诧异的神色，迟疑地问道："一份牛排？可是你们有三位，这样够用吗？"那对父母中的爸爸腼腆地笑了笑，说："我们都吃过了，牛排是给孩子吃的！"

等餐齐之后，父母坐在孩子的对面，乐呵呵地看着孩子津津有味的享用着牛排套餐，这是他们的儿子第一次来这么高档的餐厅吃饭。这一家人的举动，引起餐厅经理的注意。经理找来了负责服务那一桌的侍者，询问是什么原因。侍者简单地回答这对夫妇说自己已经吃过饭了，只点了一份最便宜的牛排，给他们的孩子吃。

经理了解情况后，就对这一桌特殊的客人多注意了些。起初他以为这对夫妇只是溺爱孩子，但观察了一会他发现，这对父母在教导孩子使用桌上的刀叉时，取用的顺序十分正确；而且对孩子的用餐礼节，亦要求得相当严格，反复而有耐心地教他们的孩子，直到他做对为止。

餐厅经理看到这种情形，叫来了侍者，简单交代了几句话，让他做两杯曼特宁咖啡给这对夫妇。很快地，侍者端着两杯咖啡，到那一家人的桌前。那位爸爸感到很疑惑，他连忙挥手，表示自己没有点咖啡。这时候经理走上前去，礼貌地告诉他们："请放心享用，这是我们餐厅招待的。"

随后，经理和这对夫妇聊了起来，终于了解了为什么这一家三人，却只点一份餐点的真正原因。

那位爸爸说："实不相瞒，我们家的经济条件有些困难，根本吃不起这种高级餐厅的晚餐，但我们对孩子有信心，在贫困环境下长大的小孩也会有不凡的成就，他将来会成为上流社会的人。我们希望能及早教会他正确的用餐礼仪；更重要的是，我们也想让孩子在成长过程中，记住自己曾在高级餐厅中，接受过备受尊重服务的那种感觉，希望他们将来做一个永远懂得自重、也能尊重他人的人。"

听了这位爸爸的话以后，这位经理心里受到了极大的震撼。的确，我们可以贫穷，但我们不能失去自尊。

智慧宝箱

这位爸爸的话虽简单，却掷地有声。人可以贫穷，但不能因为贫穷就失去尊严，更不要因为贫穷就丧失对生活好的感觉。每个人都有享受生活中点滴美好的权利，哪怕现在身处贫穷和黑暗，也要向这对夫妇一样对未来充满希望。

人活着就要有尊严

维尼的母亲是他 7 岁那年去世的，父亲后来续娶了一个犹太人。继母来到他家的那一年，小维尼 11 岁了。

刚开始，维尼不喜欢她，大概有两年的时间他没有叫她"妈妈"，为此，父亲还打过他。可越是这样，维尼越是在情感中有一种很强烈的抵触情绪。然而，维尼第一次喊她"妈妈"，却是在他第一次也是唯一的一次挨她打的时候。

一天中午，维尼偷摘人家院子里的葡萄时被主人给逮住了。主人的外号叫“大胡子”，维尼平时就特别畏惧他，如今在他的跟前犯了错，他吓得浑身直哆嗦。

大胡子说：“今天我也不打你不骂你，你只给我跪在这里，一直跪到你父母来领人。”

听说要自己跪下，维尼心里确实很不情愿。大胡子见他没反应，便大吼一声：“还不给我跪下！”

迫于对方的威慑，维尼战战兢兢地跪了下来。这一幕，恰巧被他的继母撞见了。她冲上前，一把将维尼提起来，然后，对大胡子大叫道：“你太过分了！”

继母平时是一个没有多少言语的性格内向之人，突然如此震怒，让大胡子这样的人也不知所措。维尼也是第一次看到继母性情中另外的一面。

回家后，继母用枝条狠狠地抽打了两下维尼的屁股，边打边说：“你偷摘葡萄我不会打你，哪有小孩不淘气的！但是，别人让你跪下，你就真的跪下？你不觉得这样有失人格吗？不顾自己人格的尊严，将来怎么成人？将来怎么成事？”继母说到这里，突然抽泣起来。维尼尽管只有 13 岁，但继母的话在他的心中还是引起了震撼。他猛地抱住了继母的臂膀，哭喊道：“妈，我以后不这样了。”

继母教会了维尼人生中重要的一课——人活着要有尊严。继母因为懂得这一点，所以从没有勉强小维尼叫她母亲，当然她同样不允许别人侮辱小维尼。

智慧宝箱

人活着就要有尊严，活着就该挺起刚正的脊梁，这是做人的根本。由此可见，任何人都没有理由去践踏其他人的尊严，否则，必然会伤害到他人的心灵。

地位低下，人格也是高大的

电影明星洛依德将车开到检修站，一个修车女工接待了他。她熟练灵巧的双手和年轻俊美的容貌一下子吸引了他。

整个巴黎都知道他，但过个姑娘却没表示出丝毫的惊讶和兴奋。“您喜欢看电影吗？”他不禁问道。

“当然喜欢。我是个电影迷。”修车女工边忙着手上的活边回答。看得出她的修车技术非常熟练，半小时不到，她就修好了车。

“您可以开走了，先生。”这位修车女工对他说。

他依依不舍地说道：“小姐，您可以陪我去兜兜风吗？”

“不，先生，我还有工作。”她回答得很有礼貌。

“这同样是您的工作。您修的车，难道不亲自检查一下吗？”

“好吧，是您开还是我开？”

“当然我开，是我邀请您的嘛。”

车跑得很好。姑娘说：“看来没有什么问题。请让我下车好吗？我还有其他的工作。”

“怎么您不想再陪陪我吗？我再问您一遍，您喜欢看电影吗？”洛依德觉得不可思议，难道这个修车女工真的不认识自己吗？

“我回答过了，喜欢，而且我是个电影迷。”

“您不认识我？”

“怎么不认识，您一来我就认出，您是当代影帝阿列克斯·洛依德。”

“既然如此，您为何对我这样冷淡？”

“不，您错了。我没有冷淡，只是没有像别的女孩子那样狂热。您有您的成绩，我有我的工作。您今天来修车，就是我的顾客，我就要像接待顾客一样地接待您，为您提供最好的修车服务。将来如果您不再是明星了，再来修车，我也会像今天一样接待您，为您提供服务。人与人之间不应该是这样的吗？”

洛依德沉默了，在这个普通修车女工的面前，他清楚地感觉到了自己的浅薄与狂妄。

“小姐，谢谢！您让我受到了一次很好的教育。现在，我送您回去。再要修车的话，我还会来找您。”

智慧宝箱

地位有高低之分，但在崇高的品质面前，这是次要的。为人处世，以诚相待，才能获得别人的尊重。在这位修车女工的身上，体现出一种十分珍贵的品质：自尊、自重、坚持原则的勇气。她热爱电影，但绝不因为追逐电影明星而放弃自己所应负责的工作；她面对着许多年轻女孩梦寐以求的机会。但是却勇于说“不”！她用人格魅力为自己赢得了他人的尊重。

不要随波逐，也不要盲目追求，做人要不卑不亢，做事要坚守原则，纵然地位是低下的，但你的人格也是高大的。

捍卫尊严从行动出发

在第一次留学生们的语言水平测试中，一位监考老师就大声宣布：“中国学生必须和其他国家的学生相邻而坐。”

小文是一名中国学生，他也知道自己的邻桌也是位中国学生，但是他并没有没动。在监考老师的再三催促下，中国学生都按她的要求间隔开来落座了。当小文身边的中国学生要换开位置时，他阻止了这名同学："如果我们换位置，证实我们的确有作弊的嫌疑。"小文说，"反正我不换。"这位中国学生听了他的话也不换了。监考老师很快走到他们面前。"你们都是中国学生吧？"她说，"请将座位换开。"

小文并没有换座位，他坐在原地一动不动，心平气和地用英语回答她："其他国家的学生不换，我也不会换。如果你因为我们是中国学生就认定我们会作弊，你可以站在我们身边监考。"

监考老师愣住了，她呆呆地看了小文几秒钟，没有再强求他们换开座位，转身走开了，宣布考试开始。接下来的两小时，她不时从小文面前走过，小文熟视无睹。后来他和另外一名中国学生都提前完成试卷离场，并且顺利地通过了这次测试，直接进入专业课的学习。

那天小文和几个中国同学在电梯里又碰到了这位监考老师。她微笑着对小文说："祝贺你，你这次考得很好！"

接下来小文选择了那位监考老师的课作为专业课之一。为了维护尊严他吃尽了苦头。每次上她的课之前，至少要用足两小时做预习，查清所有生词，否则完全无法跟上她那语音标准但语速极快的讲课。

那段时间，除了学校课程之外，小文也正在进行他第一部长篇小说的创作。在小说写到一半的时候，他打算暂停学校的课程，专心把小说写完，去办休学手续时，最令他踌躇的就是当年那位监考老师的课，他虽然有充足的理由，但却仍有逃离的羞愧。

在办公室看到那位老师，他本准备好被她羞辱一番，但出乎小文意料之外的是，这位老师非常温和坦白地告诉他，她看到了小文自入学以来付出的所有努力，也看到了小文的每一点进步。

"如果你认为分数会给你目前的学习造成过大的压力，"她非常诚恳地对我说，"以后的测试我可以不为你打分，直到你自己认为解脱困境为止，你觉得怎么样？"

小文好一会儿说不出话来，然后告诉她，为了尽快完成自己的小说，他必须休学半学期，希望得到她的理解。她显得非常惊喜，兴致勃勃地询问了小说的内容，并大加赞赏。她对小文说：“你为维护尊严所做的一切我都能明白，我为你而感到骄傲！”

智慧宝箱

小文用实际行动维护自己和所有中国留学生的尊严，为了维护尊严他吃尽了苦头，也付出了巨大的努力。但要记住，维护尊严是原则性问题，也是一种高尚的行为，挺起自己的腰板，任何时刻都不要出卖和丧失尊严。

接受自尊的考验

这天清晨，皮尔到一家国内颇有影响力的建筑公司面试，这已经是他第三次失业了。在走进这家公司之前，他暗暗下了决心，一定要尽最大努力得到这份工作。不然的话，经济拮据的他只能狼狈的逃离这座城市回老家生活。

所幸的是一切进展顺利，在经过笔试面试之后，最后剩下了包括皮尔在内的三个人。这时主考官对他们说：“我们要聘任的是一位图纸设计师助理，你们三个的学历及专业都符合要求。下面，我们要做的就是请你们按要求画出三幅样图。第一幅，请画出你见到的最漂亮的建筑物，限时30分钟，开始！”

皮尔马上想到童年那个带着白色风车的红房子，在金色的阳光下，闪烁着灼人的艳丽。皮尔立马把那个美好的记忆画了出来。其他两位选手也在规定时间内画出了他们心中最美的宫殿。

“第二幅图，请简单画出你们生活小区的平面图，并简要介绍一下你们居住小区建筑群的优点与不足。限时 35 分钟。"主考官接着宣布了第二幅样图的要求。

皮尔略微的思考了一下，迅速拿起画笔。他每天出入租赁的楼房，苦恼于这些房屋不合理的设计，他对生活区建筑群存在的一些不足早就想了上百遍，并在心里把它们重新规划了无数套方案，使它们更趋向理想化。

皮尔的竞争对手看来对自己生活区建筑群的利与弊也是胸有成竹，大家都在规定的时间内完成了作业。

主考官看了看他们三个交上来的作业，然后宣布了第三幅图的命题：请画出你的居室平面图，并标出你所用物品的摆设位置。限时 20 分钟。

与前两个命题相比，这个命题显得实在太简单了，每个人闭上眼睛都可以清清楚楚地画出自己每天所生活居室的布局图。其他两个选手迅速画起来。可皮·尔却停下了手中的画笔，他站起来说："先生，请您再选道命题给我吧。"

主考官拒绝了他的要求，冷冷地说："不可能，这就是命题。"

皮尔看着主考官说："那就请你给我规定一个居室，面积、走向、窗户阳台的位置，让我来布局。"

主考官盯着皮尔说："命题很明确，你的居室，不需要我再说了吧。我们需要的职工，必须是个严于律己、有服从意识的人，是个从小事做起的人。只有对自己的居室有个合理的规划，才可能对整个建筑物作出合理的设计。我们要从一滴水来看太阳。"

"不。"皮尔说，"那是我的个人隐私，请尊重我的人格。如果不能协调，那么我愿意放弃这次面试。"

最终皮尔还是没有答应画自己卧室的布局图。他离开面试点，在街头徘徊了良久。皮尔决定离开这个城市回到乡下老家去寻求新的出路，虽然这并不是他想要的生活。

第二天，当皮尔打点好行装，准备离开时，他的手机响了。出乎意料的是，他接到了建筑公司的录取通知，并告知他当天就到公司来上班。

到公司时，皮尔又遇到了主考官。主考官微笑着对他说："一个敢于维护尊严、保护自己合法权利不受侵害的人，才是我们最需要的人。如果一个人当自己的合法权益受到侵犯时，都不敢出声，委曲求全，失去自我，那么当公司的利益受到损害时，他会把它当成自己的事仗义执言吗？"

其实，成功原来就这么简单，就是要维护住自己的尊严。

智慧宝箱

生活中有许许多多的诱惑考验着我们的尊严，我们可能会为此犹豫和动摇。但无论何时都不应该做出有损于自己尊严的行为。只有维护好自己的尊严才能够给人以永久的雄心和自信。尊严是雕刻你人生的一把刻刀，有时会让你痛，但是也因此为你的生命增添棱角和色彩。

第六章

坚持让你的未来繁花似锦

坚持是一个过程

号称“小马云”的浙江盘石信息技术公司总裁田宁，在创业最初3年里，肩负着很大的压力，但他咬牙坚持。每天都是最早到公司最晚离开，慢慢地，公司有了一些固定的业务，在圈子里也有了口碑。就这样，从“千山鸟飞绝”的偏僻店铺，直到变成卖场规模最大的卖家，他只用了仅仅3年的时间。

2004年盘石网络的电脑生意已经如日中天，但此时田宁却把目光转移到互联网广告市场，不顾家人和朋友的反对，毅然决然的辞掉盘石网络公司董事长职位，只保留股份，重新成立浙江盘石信息公司，他要做的是开发软件为中小企业在互联网上做广告提供服务，帮助他们做到精准投放。

2005年年初，网络营销概念在国内才刚刚兴起，市场还很不成熟。很多人根本没听说过网络营销，大多数企业直接说互联网都是骗人的。再次创业，田宁的并不好走。第一个月，公司40个销售人员，只接到12个单子。最小的一个单，跑了12次才定下来，而每个月的开支就要30多万元。终于功夫不负有心人，2006年公司终于盈利，次年销售收入就超过5000万元，盘石更是在2008年首届中国网络广告行业大会上，一举摘得了中国最佳网络营销策划奖、最佳网络广告第三方评测机构奖两项大奖。

智慧宝箱

坚持，是一个过程，一个连续不断的过程。若想成事，就要从一件件小事慢慢儿地做，积少成多，正所谓：不积跬步，无以至千里；不积小流，无以成江海。这样的话说来容易，但是能够真正“坚持”下来的人却少之又少。有些人，做事是怕别人说失败，为不失败而坚持。有些人做事，则是为了成功，为了成功的目标而坚持。但是坚持的结果都是都是一样的，那就是成功。因此坚持常常是成功的代名词。所以男孩们要记住，想要实现自己的梦想，就要坚持就要努力，这样才可以梦想成真。

遇到坎坷不妥协

杨浩涌从小骨子里就有不安分的因子。在大学时，就和几个同学合伙承包了学校的电影院。在中科大读硕士的时候，做过图书代理。在很多人月工资是千元时，杨浩涌就已经月收入过万。

2004 年 9 月，他在接洽一家风险投资公司时，发现合伙人旁边坐着一个中国投资人。但因为条件没谈拢，双方没达成合作。但他约出那个中国投资人，直率地邀他一起合作。可对方却开出了苛刻的合作条件，杨浩涌无法接受。

可此时，杨浩涌开始慌了，他的点子随时可能被对方顺走，他决定不再耽搁时间，立即回国将项目办下来。于是，在清华科技园租了一间 70 平方米的房子，注册、招聘，从此开始了他的创业之旅。

2005 年 3 月，赶集网正式上线。但此时全国大大小小的分类信息网站已有两百多家，6 月更飙升至近 2000 家。竞争压力非常大，杨浩涌必须考虑如何超过一大批同类型对手。由于在国外待了整整 5 年，杨浩涌对国内互联网相对陌生，再加上资源有限，网站访问量总是上不去。面对这种境地，杨浩涌做了一个最底线的预算：10 万美元大概可以坚持 16 个月，到时还吸引不来投资，就结束这个游戏。

决心放手一搏后，他开始仔细研究市场，并开始进行改革。

2008 年 6 月，杨浩涌拿到一笔投资，但由于遭遇金融危机，这笔投资被撤资。杨浩涌开始自己不拿薪水，拼命往里面垫钱，倒贴了整整 8 个月，终于，在苦心坚持下，赶集网走出困境，实现了真正的盈利。

2011 年，赶集网耳目一新的"姚晨骑毛驴"广告吸引了不少人的注意，不料却遭遇了搭顺风车的"赶驴网"事件，杨浩涌及时调整营销策略。当大家都以为杨浩涌会用法律手段对"赶驴网"寻求索赔时，杨浩涌淡淡地说了一句："这事太微不足道了，我们还是专注地做自己的事情。毕竟最后吸引用户的还是扎实的服务。"

或许正是杨浩涌的这种大将之风，让他也把竞争对手远远地甩在了后面。几年来，公司从创业时的不到 10 人，到现在的几百人，杨浩涌仍然希望自己和员工始终都能保持一股创业的热情，他说，每个人骨子里都有勇往直前的 DNA。

智慧宝箱

生活好比是巧克力，你永远不都知道递给你的下一块儿是什么味道，但是你能知道生命的下一秒你将承担怎样的责任。没有东西能使你立于不败之地，但是却有一股能力让你即使遍体鳞伤也依然执著向前，这就是面对生活的勇气。

有人害怕生活中的一些事情，他们怕被压垮。但这些事情当你一个人拥有了勇往直前的精神，它能让你变得坚不可摧。没有经历过火的历练，怎能最终化为凤凰。

无论是对自己、对家庭还是对社会，每一份责任都能让你勇往直前地挑战生活，让你不断挑战自己的极限。在不断的历练中成长，让你变得更强大。

面对困境，我们需要的不是抱怨而是积极应对的方法。遇到坎坷，我们需要的不是妥协而是坚持到底的精神。只要经历过后，我们的生活才完整。

恒心是巨大的力量

1864年9月3日，寂静的斯德哥尔摩市郊，突然爆发出一声巨响，滚滚的浓烟霎时冲上天空，一股股火焰直往上蹿。一场灾难发生了。当人们赶到现场时，只见原来屹立在这里的一座工厂只剩下残垣断壁，火场旁边，站着一位30多岁的年轻人，这样的刺激，已使他面无人色，浑身颤抖……

诺贝尔眼睁睁地看着自己所创建的硝化甘油炸药实验工厂化为了灰烬。人们从瓦砾中找出五具尸体，四人是他的亲密助手，另一个是他在大学读书的小弟弟。五具烧得焦烂的尸体，令人惨不忍睹。诺贝尔的母亲得知小儿子惨死的噩耗，悲痛欲绝；年迈的父亲更是因大受刺激而引起脑出血，从此半身瘫痪。然而，诺贝尔在如此重创面前却没有动摇。

事发之后，警察局立即封锁了爆炸现场，并严禁诺贝尔重建自己的工厂。人们更是像躲避瘟神一样地躲避他，再也没有人愿意出租土地让他进行如此危险的实验。但困境并没有使诺贝尔退缩，几天后，人们发现在远离市区的马拉仑湖上，出现一只巨大的平底驳船，驳船上没装什么货物，取而代之的是各种设备，还有一个年轻人正全神贯注地进行实验。他就是在爆炸中死里逃生、被当地居民赶走的诺贝尔。

无畏的勇气往往会令死神也望而却步。在令人心惊胆战的实验里，诺贝尔依然持之以恒地坚持着，他从未放弃过自己的梦想。终于皇天不负有心人，他发明出了雷管。这是爆炸学上的一项重大突破，随着当时许多欧洲国家工业化进程的加快，人们又开始逐渐亲近诺贝尔了。此时的他把实验室从船上搬迁到斯德哥尔摩附近的温尔维特，从此正式建立了第一座硝化甘油工厂。紧接着，他又在德国的汉堡等地建立了炸药公司。一时间，诺贝尔的炸药成了抢手货。

然而，不幸的消息接连不断地传来，在旧金山，运载炸药的火车发生爆炸，火车被炸得七零八落；在巴拿马，一艘满载着硝化甘油的轮船，在大西洋的航行途中，因颠簸引起爆炸，轮船葬身大海；德国一家著名工厂因搬运硝化甘油时发生碰撞而爆炸，整个工厂和附近的民房变成了一片废墟……

一连串骇人听闻的消息，使诺贝尔又一次被人们抛弃。面对接踵而至的灾难和困境，诺贝尔并没有因此一蹶不振，最终征服了炸药，获得了成功。他一生共获专利发明权 355 项。他用自己的巨额财富创立的诺贝尔奖，更是被国际学术界视为一种崇高的荣誉。

智慧宝箱

恒心是在实现目标过程中不可缺少的条件，恒心同时也是发挥潜能的必要元素。恒心与追求结合之后，便会形成百折不挠的巨大力量。从诺贝尔的成功就不难看出，干事业要经得起挫败，要有恒心和毅力，绝对不能半途而废。男孩们当你们在做一件事的时候，一定要坚持到底，否则，就会一事无成。

噩运是把双刃剑

1955 年，18 岁的金蒙特已经是全美国最年轻，最受欢迎的滑雪选手。她的名字出现在大街小巷，照片更是被刊登在各大杂志的封面，美国人民都很看好金蒙特，相信她一定能替美国夺得奥运会的滑雪金牌。

然而，一场悲剧却使这一切成了泡影。

在奥运会预选赛的最后一轮比赛中，由于雪道过滑，金蒙特不小心从雪道上摔了下去。当她醒来时，发现自己正躺在医院中虽然保住了性命，但肩膀以下的身体却永远的瘫痪了。

金蒙特非常努力地想让自己从瘫痪的痛苦中跳出来，因为她明白，人活在世界上只有两种选择：要么奋发向上，或是从此意志消沉。金蒙特做了积极的选择，因为她仍然坚信不疑的相信这自己的能力。

在好几年的时间，她的病情都处于时好时坏的状况，但她从未放弃过。几经艰难，金蒙特慢慢学会了写字、打字、操纵轮椅和自己进食，同时她也找到了今后人生的新目标，那就是成为一名教师。

由于她行动不便，所以当她向教育学院提出教书的申请时，系主任、校长和医生们全部都认为，以金蒙特的身体状况，实在不适合当教师。

但是，金蒙特想要当教师的信念十分的坚定，她并没有因为遭到歧视和反对的声音就宣告放弃。她仍然持续地接受康复治疗，并且不断努力地念书，终于在1963年收到华盛顿大学的教育学院聘请，实现了一直以来当教师的愿望。

智慧宝箱

当我们无力改变些什么的时候，那就学着去接受，去顺从。虽然，我们无法选择拒绝，但是我们却可以选择用什么样的方法去面对和解决它。让自己在不如意中找到新的出路，还自己新的光明。总而言之，噩运是把双刃剑，要么它把你一剑削平，要么努力成为操纵它的主人。

“没时间”不是理由

卡特·华尔德曾经是美国近代诗人、小说家和钢琴家爱尔斯金的钢琴教师。有一天，他给爱尔斯金上课的时候，忽然问他：“你每天要练习多长时间钢琴？”

爱尔斯金说：“大约每天三四个小时。”

“你每次练习，时间都很长吗？是不是有个把钟头的时间？”

“我认为这样才能提高水平。”

“不，不要这样！”卡特说，“你将来长大以后，每天不会有长时间的空闲的。你需要从现在就开始养成习惯，一有空闲就几分钟、几分钟地练习。比如，在你上学以前，或在午饭以后，或在工作的休息余闲，五分钟、五分钟地去练习。把零散的练习时间分散在一天里面，如此弹钢琴就成了你日常生活中的一部分了。”

当时十四岁的爱尔斯金对卡特的忠告未加注意，但后来回想起来觉得卡特的话真是至理名言，并且他从中得到了不可估量的益处。

当爱尔斯金在哈佛大学教书的时候，他想兼职从事创作。可是上课，看卷子，开会等事情似乎把他白天和晚上的时间完全占满了。差不多有两个年头，他一直不曾动过笔，借口是：“没有时间。”后来，他突然想起了卡特先生告诉他的话。到了下一个星期，他就把卡特的话实验起来。只要有五分钟左右的空闲时间，他就坐下来写作一百字或短短的几行。

出乎意料的是，在那个星期结束的时候，爱尔斯金竟写出了相当多的稿子。

后来，他同样用这种聚沙成塔的方法，进行长篇小说的创作。虽然学校给爱尔斯金的教学任务一天比一天重，但是他每天仍有许多短短的余暇可以利用，他仍然一边练琴一边写作，最后取得了骄人的成绩。

智慧宝箱

人们总以为做大事就需要大块的时间，当很多“宏伟”的计划没有实现时，便拿“没时间”当做理由，理直气壮，冠冕堂皇。实际上，时间像任何有形的东西一样，是可以积累的，小块的时间可以“挤出来”，凑成大块的时间。或者换句话说，大计划可以被分解成许多小步骤，重视细节的累积，一步一步实现小计划，最后就能实现“大计划”。

把信念坚持下去

1510年，帕里斯出生在法国南部，长大后的他一直从事玻璃制造业。平静的生活毫无预兆的结束在一个宁静的清晨，因为那一天，他在朋友家看到一只精美绝伦的意大利彩陶茶杯。就是这一眼，改变了他的一生。因为帕里斯从那刻起，就在心里暗暗下定决心：“我一定要烧出这样美丽的彩陶。”

当帕里斯建起烤炉，买来陶罐，打成碎片开始摸索着进行烧制彩陶的时候，他并不知道前面还有那么长的一段路在等着他，他更不知道自己对成功的追逐会得不到家人的理解与支持。但是纵使前方路途遥远，充满无法预知的凶险，帕里斯还是决定把彩陶烧下去。这时候，帕里斯家门外已经堆满了像小山一样的碎陶片，家里人也开始埋怨他，而且自己已经穷得身无分文。

他买了很多陶罐，打碎、研究、自己烧制，就这样一直反复下去，他心目中的彩陶却仍不见踪影。每当家里揭不开锅的时候，帕里斯就回去重操旧业，挣来钱又继续开始自己的试验。有一次燃料不够了，眼看就要功败垂成，帕里斯拆下院子里的木栅栏就往炉子里扔，他心中只有一个信念："怎么也不能让火停下来呀！"等木栅栏又不够了，他便搬出家具，劈开扔进炉子里。可还是不够，他又开始拆屋子里的门板。听到木头"劈劈啪啪"的爆裂声和着妻子儿女们的哭声，他心里异常难过。但最令人难过的是，马上就可以出炉了的彩陶，不知什么原因，只听"嘭"的一声爆破声，炉内所有的产品都沾染上了黑点，全成了次品。多年的心血又毁于一旦。

几年下来，碎陶片又在烤炉旁堆成了山，帕里斯想："试验了这么多，为什么还没有结果呢？难道是研究的材料不对？"以后连续几年，他又挣钱买燃料和其他材料，不断地试验，但还是没有结果。这时，周围的邻居开始纷纷议论了："你瞧帕里斯那整天魂不守舍的样，他也就一个蹲在烤炉旁边过一辈子的命。""就是，还异想天开的要搞什么发明呢。"

听到大家这么说，家人也开始抱怨了："你为了研究那破陶片，整天衣不解体，家也不顾，要是再这样，日子就没法过了。"就这样，哪怕人们都叫他"大傻瓜"，他也只是默默承受，把别人对他的误解转化为研究的动力。无论何时，他都坚信："我一定会成功。"

经过16年的反复试验，帕里斯终于成功了。但当那一刻到来的时候，他反而很平静。虽然他的作品成了稀世珍宝，价值连城，被艺术家们争相收藏。但他知道没人体会光环之外的辛酸！

智慧宝箱

当你心存疑虑认为自己还有没有必要在成功的路上守望时，不妨想想经过了16年才迎来成功的帕里斯，你会发现，自己面临的困惑是多么的微不足道，这个时候，你心里就会渐渐明朗起来：把信念坚守下去，让时间来见证它最后的繁花似锦。

第七章

男孩要学会抓住机遇

机遇可以被创造

伊斯坦布尔有这样的一个创业的年轻人，在遭受了几次挫折后，便有点灰心了，很茫然地依靠在一块大石头上，懒洋洋地晒着太阳。

这时，从远处过来一个怪物。

“年轻人！你在这里做什么呢？”怪物问。

“我在这里等待时机的到来。”年轻人回答。

“等待时机？哈哈……时机长什么样子的，你知道吗？”怪物问。

“不知道。不过，听说时机是个非常神奇的东西，它只要来到你身边，那么，你就会走运，或者当上了官，或者娶个漂亮老婆，或者发了财，或者……反正，就是美极了就对了。”

“你连时机是什么样的都不知道，还在等什么时机？你还是跟着我走吧，让我带着你去做几件于你有意义的事吧！”怪物说着就要来拉走年轻人。

“去去去，少和我来这套！我才不会跟你走呢！”年轻人不耐烦地说着。

怪物叹息地转身离去了。

没多一会儿，时间老人来到年轻人面前问他：“你抓住它了吗？”

“抓住它？它是什么东西？”年轻人一脸疑惑地问到。

“它就是时机呀！”

“天哪！我竟然把它赶跑了！”年轻人后悔不迭，急忙站起身呼喊时机，希望它可以返回来。

"别喊了。"时间老人接着又说，"我来告诉你一个关于时机的秘密吧。它是一个不可捉摸的家伙。你专心等它的时候，它可能迟迟不来，等到你不留心的时候，它可能就来到你面前；见不着它时你时时想它，见着了它时，你又认不出它；如果当它从你面前走过时你抓不住它，那么它将永不会再回头，这时你便永远错过了它！"

智慧宝箱

有一种说法认为，机遇是可遇而不可求的。其实，机遇的产生也有其内在规律。如果你有足够的勇气、睿智的脑袋、敏锐的观察力以及判断力，机遇是可以被"创造"出来的。善于等待机遇、抓住机遇是一种智慧，创造机遇则是一种更大的智慧。

在成功路上奔跑的人们，如果能在机遇来临之前就能识别它，在它消逝之前能够果断采取行动抓住它，这样，幸运之神便会来到你的面前。

学会利用机会

主人邀请了一大批客人，在西格诺·法列罗的府邸举行一个盛大的宴会。就在宴会即将开始的时候，负责餐桌布置中点心制作环节的人员派人来说，他设计用来摆放在桌子上的那件大型甜点饰品不小心被弄坏了。

正在大家急得团团转的时候，一个在西格诺府邸厨房里干粗活的仆人走到管家的面前怯生生地说道："如果您可以让我来试一试的话，我想我能造出另外一件来顶替。"

"你？你是什么人，竟敢说这样的大话？"管家惊讶地喊道。

"我叫安东尼奥·卡诺瓦，是雕塑家皮萨诺的孙子。"这个脸色苍白的孩子回答道。

"小家伙，你真的能做吗？"接着管家将信将疑地问道。

"如果您可以允许我试一试的话，我想我能造一件东西摆放在餐桌中央。"小孩子说这话的时候略显镇定一些。

仆人们这时已经完全手足无措了，于是，管家就答应让安东尼奥去试一试，自己则在一旁紧紧地盯着这个孩子，注视着他的一举一动，看他到底要如何处理。这个厨房的小帮工不慌不忙地要人给他端来了一些黄油。不一会儿工夫，刚刚还是些不起眼的黄油在他的手中变成了一只蹲坐着的巨狮。管家喜出望外，惊讶地张大了嘴巴，连忙派人把这个黄油塑成的狮子摆到了桌子的中央。

晚宴开始了，客人们陆陆续续地被这个由黄油做成的狮子所吸引。围观的这些客人当中，包括威尼斯最著名的实业家，高贵的王子，还有眼光挑剔的专业艺术评论家。但当客人们一眼望见餐桌上卧着的黄油狮子时，都不禁交口称赞起来，一致认为这是一件天才的作品。宾客们在狮子面前迟迟不忍离去，甚至忘了自己来此的真正目的。结果，这个宴会变成了对黄油狮子的鉴赏大会。宾客们在狮子面前情不自禁地细细观赏着，不断地询问西格诺·法列罗，究竟是哪一位伟大的雕塑家竟然就这样将自己天才的技艺浪费在这样一种很快就会熔化的东西上。法列罗也愣住了，他立即喊管家过来问话，于是管家就把仆人小安东尼奥带到客人们面前。

当这些尊贵的客人们得知，面前这个精美绝伦的黄油狮子竟然出自这个小孩仓促间做成的作品时，都非常的震惊，整个宴会立刻变成了对这个小孩的赞美大会。富有的主人当即宣布，将出资为小孩请到最好的老师，让他的天赋充分地得到发挥。

西格诺·法列罗果真没有食言，值得欣慰的是安东尼奥没有被眼前的宠幸冲昏头脑，他依旧是那个淳朴、热切而又诚实的孩子。在最好的老师的栽培下，他孜孜不倦地刻苦努力着，一步步把自己培养成为皮萨诺门下一名优秀的雕刻家。

也许很多人并不是很清楚安东尼奥是如何充分利用第一次的机会展示自己才华的。然而，却很少有人不知道后来著名雕塑家卡诺瓦的大名，也很少有人不知道他是世界上伟大的雕塑家之一。

智慧宝箱

生活是公平的，它不但会随时使我们陷入危机，而且也会不时地赐予我们机遇。男孩们，只要你们能充分利用各种信息，一定能成功地把握机遇，走向胜利的。

小安东尼奥抓住机遇成就自己的故事，充分证明了一件事，那就是善待机遇便能打开通往成功的大门。男孩们你们想成功吗？那就从现在开始做好准备，把握好在你们人生中出现的每一个机遇！

运气不好是疏懒的借口

1861 年，门捷列夫担任圣彼得堡大学教授。在编写新的无机化学教科书的某个章节的时候，他遇到了这样一个难题，究竟应该按照什么样的次序排列化学元素的位置呢?

为此，门捷列夫踏进了圣彼得堡大学的图书馆，在数不尽的卷帙中，逐一认真的整理以往人们研究化学元素分类的原始资料;不仅如此，他还把所有的元素名称、化合物的化学式和主要性质分类写在纸卡片上，每天皱着眉头地玩这些“牌”，夜以继日地思考着……

冬去春来，有一天，他又坐到桌前摆弄着那些“纸牌”，摆着，摆着，他像触电似的站了起来，之后迅速地抓起身边的记事簿，并在上面写道：“根据元素原子量及其化学性质的近似性试排元素表。”

就这样，门捷列夫终于在 1869 年 2 月底，发现了化学元素具有周期性变化的规律，为世界化学史留下了跨时代的一笔。

门捷列夫面对63个孤零零的元素，找到了它们之间联系和变化的规律，发现了影响深远的元素周期律。对此，很多人都会得出这样的结论：门捷列夫的发现和发明，完全是偶然的机遇和灵感的功劳。

可是，“冰冻三尺，非一日之寒”。虽然说科学发明、创造的成果似乎有时“得来全不费工夫”，但它却是“踏破铁鞋”的必然结果。

正如门捷列夫所说的：“面对这个问题我大约考虑了20年，而你却认为坐着不动，5个戈比一行，5个戈比一行地写着，突然就行了！事情并不这样的！”

如果真的有人把门捷列夫发现元素周期律的事实，归结到偶然性因素上的话，那么，我们也只能说：“如果成功确实有什么偶然性的话，那这种偶然的机会也只会垂青那些有准备的人。”

智慧宝箱

我们的身边有太多的人，一味地把自己的不如意归结为四个字，“运气不好”，殊不知这只是给自己的疏懒找的借口罢了。他们的大多数人都会说，他们之所以失败，是因为没有机遇，没有人帮助、提拔他们。相对来说那些能够成功的人却不会如此推脱。他们默默地工作，他们不怨天不尤人；他们稳扎稳打，他们不指望别人的帮助，他们依靠的永远是他们自己。

停止抱怨寻找机会

詹姆士是一个无名的文人，一直以来都在为生存而奔波。

有一天，正在詹姆士走在街上的时候，他看见一个人打开了一包纸烟，从中抽出一张纸条，然后随即把它扔在地上。詹姆士拾起那张纸条一看，这是印着一张著名女演员的照片。在这幅照片下面印有一句话，说明这是一套照片中的一张。烟草公司是为了敦促买烟者收集一套照片而加上了这一句话。詹姆士把这纸片翻了过来，注意到它的背面竟然完全是空白的。

詹姆士凭借着作为一名商人的敏感。立即感到这儿存在着某种商机：如果把附装在烟盒子里印有照片的纸片充分的利用起来，在它空白的一面印上照片上人物的小传记，这种照片的价值就便可以大大的得到提升。

于是，詹姆士找到印刷这种纸烟附件的平板画公司，向经理叙述了他的主意，最终经过努力他的想法被经理采纳。这就是最早的写作任务。

后来，詹姆士的小传的需求量与日俱增，以至于他不得不去请人帮忙。他找到了他的弟弟来帮忙，并付给他每篇 5 美元的报酬。不久，詹姆士还请了 5 名新闻记者帮忙写小传，以供应平板画印刷厂的需要。

最后，詹姆士如愿以偿地成为一家著名杂志的主编，同样也是文化圈中最受欢迎的一位名流人物。

智慧宝箱

大多数人总是抱怨自己的运气不好。而恰恰很多机会都是在大部分人的疏忽中悄悄溜掉的。但是有那么一少部分人善于抓住机遇，即使一件微小的事情也都能让他们挖掘出成功的可能。所以，在世界上成功的人占少数，而抱怨运气不好的人占大多数。男孩们，从此刻开始停止抱怨，去认真地做好身边的每一件事，不要用抱怨去赶跑那些属于你的成功机会。

慧眼识机

英国细菌学家亚历山大·弗莱明于1928年，发现青霉菌能分泌一种物质杀死细菌，他将这种物质命名为“青霉素”，但他未能将其提纯用于临床。1929年，弗莱明发表了关于这项研究的成果报告，遗憾的是，这篇论文自发表后一直没有受到科学界的重视。

10年后，德国化学家恩斯·钱恩在旧书堆里看到了弗莱明的这篇论文，于是开始做提纯实验。并于1940年冬提炼出了一点点青霉素，这显然是一个重大的突破，但距离临床应用还差得非常远。

之后，青霉素提纯的接力棒于1941年传到了澳大利亚病理学家瓦尔特·弗洛里的手中。在美国军方的协助下，弗洛里在这些飞行员外出执行任务时从各国机场带回来的泥土中分离出菌种来，从而使青霉素的产量从每立方厘米2单位提高到了40单位。

虽然这离生产青霉素还差得相当的远，但毕竟是朝着目标又迈进了一步，弗洛里还是非常高兴的。一天，弗洛里下班后在实验室大门外的街上散步，见到路边水果店里摆满了西瓜，他想买几个西瓜慰劳一下同事们，毕竟这段时间工作进展得不错。于是他走进了水果店。

这家店里的西瓜看上去都非常好，于是弗洛里弯下腰，伸出食指敲敲这只，又敲敲那只，然后随手抱起一只，交了钱，在他刚要走的时候，忽然瞥见柜台上放着一只被挤破了的西瓜。这只西瓜虽然比别的西瓜要大一些，但是有几处瓜皮已经溃烂，上面还长着一层绿色的霉斑。

弗洛里盯着这只烂瓜看了很久很久，又皱着眉头想了一会，忽然对老板说：“我要这只。”

“先生，那是我们刚挑出来的坏瓜，是准备扔掉的，吃了要坏肚子的。”老板提醒道。

“我就要这一只。”说着，弗洛里放下怀里那只刚刚挑好的西瓜，捧着这只烂了的西瓜走出了水果店。

“先生，您把那只好瓜也抱走吧，这只烂瓜算我送给您的。”老板跟在后面连忙喊到。

“可我抱不了那么多的瓜啊，再说，要是万一把这只打烂了那可怎么办？”

“那、那我把刚才的瓜钱退给您吧！”老板举着钱追了几步，但弗洛里已经走远了。老板摇了摇头，疑惑地望着这个奇怪的顾客远去的背影。

弗洛里捧着这只烂西瓜回到实验室之后，立即从瓜上取下一点绿霉，开始培养菌种。不久，实验出的结果让弗洛里非常的兴奋，从烂西瓜里得到的青霉素，竟从每立方厘米 40 单位一下子猛增到 200 单位。

弗洛里和美国军方于 1943 年 10 月签订了首批青霉素生产合同。于是青霉素在二战末期横空出世，迅速扭转了盟国的战局。战后，青霉素更是得到了广泛应用，并且拯救了数以千万人的性命。也因为这项伟大的发明，弗洛里和弗莱明、钱恩分享了 1945 年的诺贝尔生物及医学奖。

智慧宝箱

机遇有时候会伪装成一只“烂西瓜”，被扔在不起眼的角落里。男孩们若能用你的慧眼发现它，并如获至宝，那么，恭喜你，成功就会在离你不远的地方等你。

抓住机遇，一蹴而就

这是一个周末的午后，商人正坐在阳台上一边悠闲地喝着咖啡，一边拿着一张当日的报纸看着。突然，报纸上的一条消息引起了他的注意，消息内容是这样的：墨西哥爆发瘟疫，政府正在紧急封锁疫区。

精明的商人对这条消息非常重视，他意识到，墨西哥如果真的发生了瘟疫，一定会从边境传染到美国的加州或德州来，而这两州正是美国肉类的供应基地，假如这里真的发生瘟疫，将会造成整个美国的肉类供应货源紧缺，势必引起肉价飞涨。

商人出于职业的本能，他的大脑飞快地开始盘算起来，他当即决定派人奔赴墨西哥实地调查和了解相关的情况。几天之后，他派去的考察组从墨西哥发回电报，证实了新闻的真实性，并且现在疫情蔓延得广而快，已经到了无法控制的地步了。

商人立即集中筹措大量资金收购加州及德州的肉牛和生猪，并且迅速运到远离这两州的东部地区。商人估计的一点不差，两星期之后，瘟疫便从墨西哥传到了美国的西部，美国政府紧急命令，严禁从这几个州运出一切食品，首当其冲的就是肉类品，全美市场上肉类品告急，肉价暴涨。

商人觉得发财的时机到了，他将事先囤积在东部的肉牛和生猪用高价售出，总共不到三个月的时间，他净赚了 900 万美元。

智慧宝箱

机遇对于每一个人来说都是非常公平的，只是在机遇面前有些人抓住了，有些人错过了，而有些人在不断地创造机会，另外有些人却在苦苦等待机会。从另外一个角度来说，机遇很愿意去偏爱那些有准备头脑的人，也只重视那些懂得怎样追求它的人。

机会隐藏在生活中

商人带着新婚的妻子去海外度蜜月。

有一天，他们去逛跳蚤市场，发现有一种东西很受当地人的欢迎。这东西价格便宜，最贵的也只不过1美元一对。妻子爱不释手，一口气买下十几对，要带回家赠给自己的亲朋好友。奇怪的是，这种东西送出去以后，亲戚朋友又纷纷上门来讨要，而且向他打听卖这种东西的商店在哪里。可是，商人找遍整个日本，也没有找到出售这种东西的商店。

其实，它只是生长在热带海洋的一种普通小虾，自幼从石头缝爬进去，然后在里面成长为无法出来的雌雄虾，被关在石头里度过一生。

商人一看此物这么受人欢迎，就专程飞往海外进口一大批雌雄虾运回日本，然后以“偕老同穴”命名，把它进行精美包装后出售。大家都认为这种虾能给新婚夫妻带来幸福，成为新婚喜庆的珍贵礼物。这种虾一摆上台，便供不应求。最后，进口1美元的东西，一下子竟卖到270美元的天价。

智慧宝箱

机会就是很平常地存在于你周围的环境中，它或许是一件小小的不起眼的东西，以它平常的姿态存在于它自己的位置上，并不因为其他人的存在而显得与众不同。可一旦你真正地利用了它，就会发现它耀眼的光芒，这比一块真正的宝石更值钱。

第八章

优秀的男孩要提升自己的管理能力

脚踏实地做好每一件事

张佳大学毕业那年，找工作并不太顺利。因为那一年的就业形势出奇的严峻。她发了几十分简历后只有一家公司给了她回音。

张佳非常珍惜这个来之不易的机会，为了能够进这家公司她做了充足的准备。闯过初试和面试后，张佳进入了最后一轮考查：在人力资源部实习三天。总监交给了张佳一个任务：把公司去年的一些文件整理归类，在电脑里建档保存。

张佳认认真真的开始做她的工作，希望能够顺顺利利地度过这三天的实习时光。在忙了一天以后，临下班时突然接到坏消息：总公司紧急通知暂停招聘新员工。

消息一出公司顿时炸开了锅："这不是耍我们吗？" 参加实习的应聘者们很不满，只有张佳没有什么过激反应，她仍然在成堆的文件里忙碌。总监客气地对她说："真不好意思，白让你忙活了一整天……下班了，快回家吧，明天就不用来了。"

张佳虽然心里难过，但仍然说："没关系，活儿没干完我心里不踏实，明天上午就整理好了。"

求职路上一直不顺利的张佳最后选择了先去一家小店打零工。在过了两个月后，她突然接到了一个电话，是那位总监打来的。他对这个"傻"求职者印象深刻，公司重新开始招聘时，他第一个电话就打给了张佳。

于是张佳被这家公司录用了，但因为学历不高、毫无工作经验，她只被安排在前台做接待员。上班第一天，张佳就换掉了前台那本破破烂烂的登记簿，取而代之的是16开的大本子，封面上是她自己打印的公司简介。那脏兮兮的部门电话表被她扯掉了，她背了几个晚上，把电话号码熟记于心。

一次，几个新加坡客户到公司来谈合作，张佳安排他们在大厅等候。张佳偶然听到了客户们谈到对这个新合作伙伴的业绩不太了解。她想了一想，鼓足勇气跟他们说："如果可以的话，占用各位一点儿时间，我可以简单介绍一下本公司的情况。"

在众人惊讶的目光里，张佳把公司近几年的销售业绩、市场份额等情况介绍得有条有理，让新加坡的新客户立刻对他们公司有了初步的了解。等销售经理过来的时候，客户们赞不绝口："你们公司真是了不得啊，普通员工对公司业绩都能脱口而出，我们对这样的企业很有信心……"

一年后，"优秀员工"的称号和奖金落在了这个前台接待员的头上。

年底，每个员工都要写述职报告，总结经验，提出建议。大家通常的做法是随便从网上下载一份，改写一下就交上去应付了事。但张佳却认认真真的准备起她的述职报告。

一周后，张佳拿出了一本像杂志一样图文并茂的年终总结。彩色封面上是公司的宗旨，扉页上是目录和提要，正文分别是"我的工作""我的看法"和"我的建议"，每部分都有详细数据和图表，还用漫画展示了公司存在的不良现象。

三天后，老总把张佳叫到办公室说："你的年终总结我看了4遍，你看问题很准，思路清晰有创意，但我更欣赏你对工作的责任感。你也许需要一个更合适的岗位，好好干吧！"

就这样，在人们眼中认真的有点傻的张佳在职业道路上不断地前进着。在进入公司的第三年，张佳成了部门经理。从一个前台接待员到一个领导者的转变，同事们都为她创造的升职神话而惊叹。

智慧宝箱

张佳之所以能够从一个小小的前台接待员一跃成为部门经理，是因为她对工作中的每一件事情都认真、用心，并且善于抓住机会展现自己。领导者需要的不仅仅是谋略和管理能力，更需要的是用心。而成功的谋略和卓越的管理能力其实也是构建在用心和认真的基础之上的。所以我们青少年朋友一定要从小学做一个用心的人，如果你暂时还没有到领导者的位置，那么最重要的就是脚踏实地做好每一件事，并且用心抓住机遇。

领导者的细节掌握

一家电视台做了一期人物访谈，嘉宾是宗庆后。也许很多人都不知道宗庆后是谁，但几乎没人没有喝过他的产品——娃哈哈。这个42岁才开始创业的杭州人，曾经做过15年的农场农民，栽过秧，晒过盐，采过茶，烧过砖，蹬着三轮车卖过冰棒……在短短20年时间里，他创造了一个商业奇迹，将一个连他在内只有三名员工的校办企业，打造成了中国饮料业的巨无霸。

关于他的创业、关于娃哈哈团队、关于民族品牌铸造……在问了若干个大家感兴趣的问题后，主持人忽然从身后拿出了一瓶普通的娃哈哈矿泉水，考了宗庆后三个问题。

第一个问题，“这瓶娃哈哈矿泉水的瓶口，有几圈螺纹？”

“四圈。”宗庆后想都没想，回答道。主持人数了数，果然是四圈。

第二个问题，“矿泉水的瓶身，有几道螺纹？”

“八道。”宗庆后还是不假思索地一口答出。主持人数了数，只有六道啊。宗庆后笑着告诉她：“上面还有两道。”

两个问题都没有难倒宗庆后，主持人不甘心。她拧开矿泉水瓶，看着手中的瓶盖，沉吟了片刻，提了第三个问题，“你能告诉我们，这个瓶盖上有几个齿吗？”

观众都诧异地看着主持人，不知道她葫芦里卖的是什么药。很多人赶到电视录制现场，就是为了一睹传奇人物的风采，有的人还准备了很多问题，向宗庆后现场讨教呢。可是，主持人竟将宝贵的时间，拿来问这样一个无聊问题。

宗庆后微笑地看着主持人，说，“你观察得很仔细，问题很刁钻。我告诉你，一个普通的矿泉水瓶盖上，一般有 18 个齿。”

主持人不相信地瞪大了眼睛：“这个你也知道？我来数数。”主持人数了一遍，真是 18 个。又数了一遍，还是 18 个。

主持人站起来，做最后的节目总结，“关于财富的神话，总是让人充满好奇。一个拥有 170 多亿元身家的企业家，管理着几十家公司和两万多人的团队，开发生产了几十个品种的饮料产品，每日需要决断处理的事务何其繁杂？可是，他连他的矿泉水瓶盖上有几个齿，都了如指掌。也许我们可以从中看到，他是如何一步一步走向成功的，如何成为一个优秀的管理者的。”

人们恍然大悟，场上响起热烈的掌声。

虽然我们经常喝矿泉水，但你不会在意，刚刚拧开的那瓶矿泉水，瓶盖上会有几个齿。如果我拿这个问题考你，你一定会嗤之以鼻，因为这个问题太无厘头了。但如果将你正在从事的事业比喻成一瓶矿泉水的话，你知道你的瓶盖上，有多少个齿吗？宗庆后知道，你也应该知道，如果你也想成功的话。

细节决定成败。作为一个领导更是如此，很多人认为领导者是做大事掌管大局的，没有必要了解细节。但你想一想，事无巨细，任何事情都关注的人会找不到方向吗？任何事情都关注的领导者能够清清楚楚地了解自己的企业每一个小细节，明白该怎样引领整个团队从平凡走向成功，因为他对通往成功路上的细节了如指掌。

智慧宝箱

如果你想要成为一个领导者的话，在学会纵观全局的同时，也要了解你所掌管的全部细节。只有把宏观管理和微观观察完美结合，才能成为一个出众的领导者。

学会善用周围资源

1993年，王永安从安徽省岳西县地处大别山腹地的高寒地带来到繁华的深圳。走过100多里山路到了县城，又赶车1000多里颠簸到深圳的王永安身上背着3双母亲和妻子赶制的布鞋，在街头观赏着繁华的现代都市，并寻找着自己的未来。

高中文凭，加上写得一手漂亮文章，在当时的深圳来说，王永安就比其他打工仔多一些优势。非常顺利地，他进了一个广告公司搞文案。但不久后一次偶然的谈话却改变了王永安的人生轨迹。他听到一个做外贸的朋友说，现在出口一台冰箱还不如出口几双布鞋挣钱，国外对中国传统布鞋的需求量很大，每年有1000多万双中国传统布鞋销往世界各地。

说者无心，听者有意。王永安想到了自己包里的那两双一直都舍不得穿的布鞋。他的第一个反应就是，可不可以把家乡的布鞋也拿到国外去卖呢？他的家乡，一个闭塞得几乎与外界隔绝的穷地方，妇人们只按自己的方式来制作她们心目中认为最美丽、最适用的鞋样，以尽量减轻男人们在外奔波的痛楚。没有机械，全凭手工，够传统的了。可是他只知道布鞋在国外市场空间大、生意好，但朋友并没有教他怎么做产品才能打入国外市场。因为毕竟这不是去岳西县城卖鸡蛋，不但要让老外知道你在卖中国最传统的布鞋，还要熟悉出口产品的一系列繁杂手续。

网络技术在中国如火如荼的发展让他了解并亲身体验到了这种方式的便捷。他所在的公司要了解客户，一般都是看客户公司的网页介绍，信件的往来也通过 E-mail。有一天，王永安拍着自己的脑袋踱出办公室大笑：这不就是最好的方式吗？把自己的布鞋产品信息发布到互联网上，让全世界的人都知道中国有个布鞋之乡——岳西。

王永安买了电脑和王永安要办一个布鞋厂，对山里的人来说，都具有相当于中国加入 WTO 签订了双边协议同样的轰动效果。因为这带来的不仅是现代观念的冲击，更有乡亲们为提升当地经济水平、改善生活质量的渴盼。

按照自己已有的设想，王永安招收了 500 名当地妇女，扯起了养生鞋厂的大旗。这 500 名“工人”利用一年中农闲的 8 个月，在自己家里进行布鞋加工制作。再设几名专职的管理人员，负责产品质量的控制和物料的管理，自己则负责总体管理和对外营销。

安排好生产，王永安便专心致力于销售通路的建设。他的目标是网络。一个美国资深电子商务专家为不适合在网上销售的商品排了一个名次，鞋子在其中排第 4 名。但是王永安却以自己的方式，让他“全国独一家”的网上鞋店红红火火地经营起来。

最先，王永安只能依靠电子公告板，到许多国内有影响的不同站点上发布自己产品的信息。不过几天时间，他居然卖掉了两双布鞋，而且是凭借网上零售方式售出的。这给了王永安莫大的信心。

1998 年 7 月，通过上网了解和查询，王永安又将已有一点名气的养生鞋厂挂接到郑州一个叫“购物天堂”的网站上，网页的制作与维护都由郑州方面负责，1 年的服务费用为 600 元，王永安只负责提供资料。客户在网上看样、下订单、签合同，最后按客户的要求通过深圳外贸进出口公司，发往指定港口、码头交货，整个网上销售系统显得十分的顺畅。20 多家国内外代理商通过网络认识了这个小县城里的鞋厂，并开始与其磋商做养生鞋厂的代理事宜，其中从国外发来电子邮件的有好几家。令王永安永生难忘的是第一笔同外商交易成功的业务，那是在深圳进出口公司的帮助下，700 多双布鞋销到了美国洛杉矶。这些在常人看来难登大雅之堂的布鞋，这些出自中国农民粗糙之手的布鞋，终于走出了国门。

在接下来的短短几个月时间里，王永安通过他的网上鞋店共销售了约 1 万双左右的布鞋，让贫困的山里人真正看到了知识的力量和致富的希望。网上销售的成功让王永安激动不已，更让家里人改变了对他的看法。

养生鞋厂的业务量突飞猛进，布鞋产品全部出口国外，包括美国、日本、英国、芬兰等 10 多个国家。产品供不应求，生产与销售已基本走上了正轨。依靠昔日难登大雅之堂的平凡的布鞋，王永安让全村人均增收达到每年 2000 元，昔日的贫困山区面貌得到了彻底的改变。而他的 3 万元投资，两年时间增值到了 50 余万元。

智慧宝箱

善于利用好周围的一切资源是成为一个好的领导者必备的条件　只有善于利用资源，你才能够合理的安排手下员工的工作，实现人员的优化配置；只有善于利用资源，你才能够调动和利用好公司内外一切物质和人力资源，让它们为企业的发展发挥最大价值；只有善于利用资源，你才能够抓住每一个获得财富的机会。所以，学会趋利避害，拥有利用周围资源的能力，是需要我们思考和学习的。

改革是“扬弃”

一次外出途中，著名的企业管理实践者樊宇明邂逅了一位张姓朋友，这个人拥有一家不算太小的服装公司。这位张姓朋友讲，他是一个喜欢变动的人，很喜欢在自己的企业内推行改革措施。这些措施有的的确很见成效，但多数时候自己的改革是失败的。对此，他很困惑。

听了这位朋友的话，樊宇明给他讲述了一个《大雁改革家的故事》，故事是这样的：

一只年轻的大雁做了雁群的首领，他决定推行一系列的改革措施。

改革从雁群的队形开始，他认为目前雁群所采用的“一”字形队列及“人”字形队列显得太单薄，一点威风都体现不出来，于是决定把雁群飞行的队列改为方队。经过一段时间的操练，雁群的飞行方队训练成熟了，队伍整齐有序，看上去威风十足。年轻的大雁首领很是得意。

队伍操练成功不久，雁群一年一度的南迁开始了。

雁群方队起飞了，年轻的大雁首领飞在前排的正中。

大雁们一边飞行，一边喊着整齐的号子，的确有一点气势磅礴的样子。

可是，飞了不久，雁群的阵容开始混乱了，慢慢地有大雁开始掉队了，雁群只好停下来休息。

飞行、休息、飞行、休息……雁群一天根本飞不了多远。

照这样的速度，他们根本不可能在预定的时间到达目的地。

最后，在没有办法的情况下，年轻的大雁首领还是采纳了老雁们的建议，恢复了“一”字形及“人”字形的队列。

恢复阵容后，问题解决了，大家一天便可以轻松地飞出很远。

年轻的大雁首领的改革宣告失败。

原来,大雁“一”字形或“人”字形的队列是有着很深科学道理的。凭借大雁的体力状况，孤雁是很难完成这样远距离的迁徙的。他们成群结队地飞行，领头的大雁承担着很大的气流阻力，队员们按照“一”字或“人”字排列可以大大减少气流阻力。他们飞行一段时间后，领头的大雁便会排到后面，由另外一只大雁代替他领头飞行。同时相邻的大雁还可相互借力，巧妙利用伙伴翅膀颤动时产生的气流以减少自己的体力消耗。年轻的大雁首领只注重队伍本身的外部形象，却忽视了其中的科学道理，所以他的改革必然是失败的。

樊宇明说：改革与创新的确是企业的灵魂，是企业发展与壮大不可缺少的强大动力。但所有的改革与创新其目的是为了使事物向更加科学、更加符合客观规律的方向发展，背离科学与客观规律的改革与创新注定是失败的。

智慧宝箱

改革与创新的实质是对现有事物中所包含的不合理因素的屏弃与改变，而不是不分事由的全盘否定。经验之所以能够宝贵起来，其原因是好的经验里面包含着符合科学与规律的东西，虽然有时实践者本身并不知晓这些科学与规律的真实内涵，但无数次的实践使这些具有科学性与规律性的东西以经验的形式表现了出来。对于改革者来说，这些具有科学性及规律性的东西都是在改革的过程中要加以保留的。因而，改革与创新的过程中,对待旧东西的态度是一个“扬弃”的过程,而不是“抛弃”的过程。

朱元璋的智慧

朱元璋在创立明朝之前，曾参与推翻元朝的反抗军，当时他投身在抗元重要领袖郭子兴的麾下。朱元璋颇得郭子兴重用，他在短时间内就被任命为和州（今安徽省和县）总兵。但是驻守和州的将官，大部分都是长年跟随郭子兴的部下，朱元璋心里明白自己任和州总兵，众将官一定不会服气，向来头脑灵活的他经过深思熟虑，想出了一系列办法来奠定自己的领导地位。

朱元璋上任后，在第一次正式召开会议前一天，立刻命令手下撤掉大厅主将的位子，只摆一排长条木椅。第二天召开会议时，朱元璋故意迟到。当他抵达会场时。诸将领已先行入座，会场内的座位都已坐满，仅留下一个左边的末座给他。对于自己在诸将官心中的地位，朱元璋心中雪亮。

会议开始后，讨论军政大事时，在座的资深将领虽然习于在战场上搏命厮杀，但是对于决断军政大事却只能面面相觑。轮到朱元璋发言时，却能精确分析敌我形势，并具体提出办法和措施，他的表现使得在座的资深将官不得不心服。

这次的会议，除了讨论军政大事，也对整治城池的工作作出了分工，并且限期三日之内完工。三天的期限到了，朱元璋会同诸将领到城池现场查验，结果只有他负责整治的部分如期完工，其余将领负责的各段工程均未完工。

朱元璋认为，制服将领的时机成熟了，他沉着脸，拿出郭子兴的檄文，朝南坐下。朱元璋向所有的将领说："总兵乃主之命，非我专擅，修城要事，不能如期完工，贻误军机责任重大，谁可担当？今后再有违令者，军法处置。"在场的资深将领自知延误了军机，自然不敢有怒言。

朱元璋主持军务很有办法，再加上他治军严谨有方，善用谋略，这次事件过后，他很快建立了个人威信，巩固了自己的地位。

智慧宝箱

朱元璋运用智慧让自己从不被人认可的位置到成为核心人物，最终成为明朝的开国皇帝。他的足智多谋是需要我们每个人都去学习的。也许你现在在一个组织里处于不起眼的位置，但是心里却一直想成为大家眼中的闪耀人物。那就要从这个故事当中学习一下朱元璋的策略，想办法让自己从角落里走出来，让大家看到自己，认可自己，成为一个组织的领导者和核心人物。

第九章

勤奋的男孩方能成大器

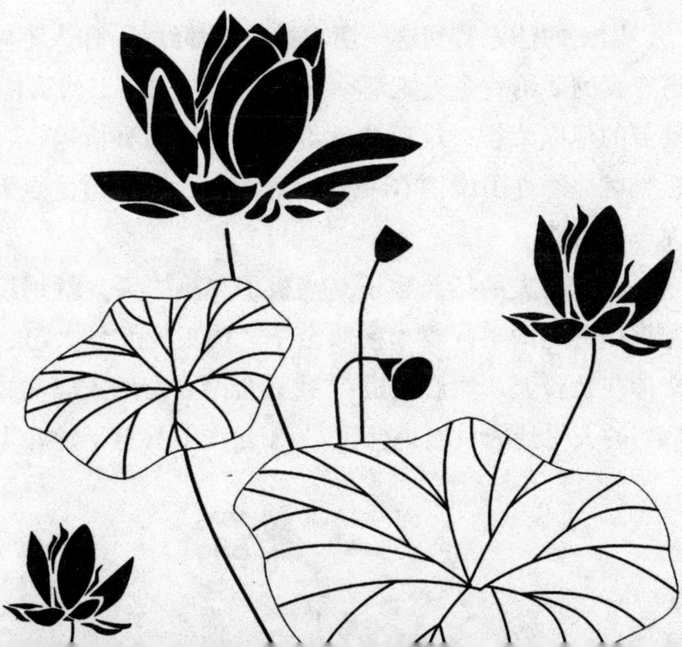

成功的捷径是踏实的努力

有这样一个老人，他想种一棵无花果树，所以用铁锹在挖树坑，恰好此时国王从他身旁经过，于是国王这样问道：“你认为自己还能吃到这些无花果吗？”

老人不假思索地回答说：“如果当树结果的时候我已不在人世，但我的孩子还能吃到那些美丽的果实；我真的这么做的话，我相信上帝也会因为我勤奋而特赦我的。”

国王对他说：“如果你真的能够得到上帝的特赦而在有生之年吃到了这树的果实，那么请你给我送一些，因为我也非常喜欢吃无花果。”三年过去了，树上真的如老人的愿结满了果实。于是老人装了满满一篮子无花果来见国王。国王把自己爱吃的无花果倒了出来，然后在他的篮子里装满了黄金。

国王的仆人看到这一切吃惊的眼都红了，仆人不解地问道国王：“难道您真的要给一个老人那么多荣誉吗？”国王回答说：“造物主都给了勤劳的他以荣誉，难道我就不能做同样的事情吗？”国王的仆人回家后就对他的妻子说：“国王爱吃无花果，如果给他点无花果，他就会给你金子的。”

听了丈夫的话，妻子高兴极了。第二天，就到集市上买了一篮无花果提去见国王，要求换取金子。国王见此景大怒，把一篮子无花果全摔在她脸上，然后吼道：“我只会给勤奋的人以奖励，像你这样投机取巧的人得到的只能是惩罚。”于是派卫兵打了她几十大板。

智慧宝箱

往成功的路是没有捷径可走的。如果说把捷径理解为到达成功最短的距离的话，那么捷径就是我们脚踏实地的奋斗和扎扎实实的努力。男孩们要记住，在求知的道路上，如果也能发挥这种品质，那么久一定能够取得不俗的成绩。

有行动才会有成就

丹·禾平大学毕业的时候，正赶上经济大恐慌，失业率非常的高，工作当然就更加的难找。试过了投资银行业和影视行业都以失败告终之后，丹·禾平找到了开展未来事业的一线希望：去卖电子助听器，赚取佣金。这项工作看上去并没有什么技术含量，禾平也明白谁都可以去做这种工作。但对他来说，这个工作为他敲开了机会的大门，于是他决定努力去做。

在近两年的时间里，他一直不停地做着一份自己并不喜欢的工作，他深刻地体会到如果他安于现状，就再也不会有出头之日。但是，在这项自己并不喜欢的工作面前他首先他便瞄准了业务经理助理一职，并且成功的取得该职位。他知道自己往上升了这一步，便足以使他鹤立鸡群，看得见更好的机会，这就将是一个崭新的开始。

丹·禾平在助听器销售方面卓有建树，以至公司生意上的对手——电话侦听器产品公司的董事长安德鲁，也非常想知道禾平是凭借着什么本领抢走老字号的电话侦听器产品公司的大笔生意的。他派人去找禾平面谈。面谈结束后，禾平竟然成了对手公司助听器部门的新经理。之后，安德鲁为了试试丹·禾平的胆量，于是把他派到人生地不熟的佛罗里达州3个月，考验他的市场开拓能力。结果，他并没有因此沉下去！“全世界都爱赢家，没有人可怜输家”这个洛奈德的精神，驱使着他拼命地工作，结果之后他被选中做公司的副总裁。一般人都是要在10年誓死效忠的打拼之后，才能获得这个职位，这个职位当然是被视为无上荣耀的，但禾平却在6个月不到的时间里如愿以偿。

就这样，丹·禾平凭着勤奋和强烈的进取心，便在很短的时间里取得了如此优异的成绩。

智慧宝箱

“一生之计在于勤”，说的就是一个人每天都应当积极的做事，不断地有所行动。而勤奋更是需要加上进取精神才能不断地发展自己、丰富自己，男孩们去像丹·禾平一样，努力求取新的知识，努力争取每一天都有所变化。

接受残缺

有这样一个中国舞蹈演员，她是唯一一个登上美国纽约卡内基音乐厅和意大利斯卡拉大剧院两大世界顶级艺术殿堂的人。或许她并没有达到舞蹈的顶峰，但她却在用自己的行动证明了就算是一个残疾人，只要通过努力一样可以取得了不起的成就。她就是邰丽华。

在邰丽华两岁那年，就因高烧而失去了听力，没过多久，甜美的歌喉也随之关闭了，她从此就陷入了无声世界。当时的她被极度的寂寞与痛苦笼罩。在她快年满7岁那年，父母决定将她送入市聋哑学校进行学习。在那里的一堂“律动课”改变了她之后的人生。

聋哑学校的律动课是为了让学生在震颤中感受到节奏的变化。当老师踏响木地板上的象脚时，就会有一种奇怪而自然的有节奏的振动刹那间传遍邰丽华的全身，她感到的是一种从未有过的对另一个世界新奇的感知。当别的同学表现出万分高兴的时候，邰丽华已激动地将整个身体匍匐在地板上，深深地投入到那充满幸福的律动之中了。眸子闪亮，小脸通红，她感觉到了在这个世界上从未感受到过的美丽，她指着自己的胸口，用手势告诉老师：我——喜——欢。

她努力地感受着这些不同的震动，娇小的身体随之摆动。邰丽华突然间发现，这是一种属于她的语言。在这个方面她比别人更加的勤于思考，更善于琢磨用舞蹈来表达情感。于是她从此踏上了她的舞蹈之路。

台上一分钟，台下十年功。在婀娜的舞姿背后，对于邰丽华而言，她要付出的是要比常人要多好几倍的辛苦努力。她将自己的全身心都投入到她的舞蹈事业中，为了练舞，她将自己变成了一只旋转的陀螺，除了吃饭和睡觉时间，其他一切时间都在舞蹈。找不准节拍再练，动作不对再改，一次又一次摔倒，爬起，再摔倒，再爬起。练得身上青一块、紫一块，以至小腿上留下了一道又一道青黑的伤疤。

邰丽华凭着执著的努力，在她 15 岁时，便随中国残疾人艺术团出国演出了。在很多次舞蹈比赛中，评委们竟然根本没有发现她是一位双耳失聪的残疾人。

邰丽华将自己的全身心都投入到了她热爱的舞蹈中，一曲《雀之灵》有多少节拍，她并没有仔细计算过，但老师作过一次测试，邰丽华凭着感觉舞完这 700 多个节拍，竟全部丝丝入扣，没有一点点的差错。她唯一的方法就是记忆、重复、再记忆，到最后她心里已然有了一支永远随时为她响起的乐队。

重新燃起的这生命之火让邰丽华重新认识存在的意义。她爱上了舞蹈，虽然在她的世界没有音乐，但她可以用自己的心去伴奏。她说："残疾并不是缺陷，相反而是人类多元化的特点。残疾不是不幸，而是不便。残疾人，同样有生命的价值。愈是残缺，愈要美丽。"

舞蹈，对于邰丽华来说，是儿时的嬉戏，同样也是精神的寄托，是感受这个世界的特定方式，更是重新定位人生的砝码。她用自己的行动告诉人们，她和正常人一样，和大家一样可以体验与创造这个世界。

从一个不幸的谷底到艺术的巅峰，或许生命本身就是一次绝美的舞蹈。于无声处再现生命的蓬勃，在手臂间勾勒人性的高洁，一个朴素女子为我们呈现的华丽奇迹，是一次心灵的震撼，这种震撼不需要语言，但她在我们眼中却是最美的。

智慧宝箱

人生有圆缺，有满空，这都是没有办法人为的事实。但是我们可以选择看人生的角度。选择度过此生的方式。如果失去的我们确实我们无法挽回，那么我们就要去勇敢地接受，并且要用自己的双手开创出一片新的天地。邰丽华并没有因为自己身体上的缺陷就放弃了追求自我人生的价值，那么作为健全的我们来说，是不是更应该用心去感受生活，热爱生活，用一颗坚强、火热的心，创造生活。

专心致志方能奔向成功彼岸

东汉时期著名的学者贾逵。自幼丧父，母亲又体弱多病，时常需要有人照料，因此生活非常艰辛。于是贾逵的姐姐一个人挑起了家庭的重担，她精心地照料母亲，关爱弟弟，家中虽清贫，但却时常充满欢声笑语。

贾逵从小就十分聪明、勤奋，他爱思考，爱刨根问底，不达目的不罢休。

那个时候，贾逵家的附近有一个学堂，学堂里传出的琅琅读书声总是深深吸引着贾逵。每次他看见其他孩子都去上学，非常的羡慕，于是就去央求母亲也让他去学堂读书。躺在病床上的母亲听了孩子的话心里十分难过，对贾逵说:“孩子啊，咱家真的太穷了，家里的钱都为我治了病，没有钱给你交学费，实在是没有办法啊！”说完，母亲便伤心地落了泪。

贾逵的姐姐看到这个情景，便走上前去，安慰了母亲一番，然后拉着贾逵走了出来，对他说:“弟弟，母亲的身体不好，别让她再操心了，姐姐带你去学堂看一看吧。”

姐姐领着贾逵来到学堂外面，这是学堂里恰好又传来了琅琅的读书声。贾逵一听到这熟悉的读书声，便立刻忘却了刚才的烦恼，赶忙跑了过去。贾逵只能隔着学堂外面的篱笆往里张望，他踮起脚，伸长脖子，但是还是无法看到学堂内的情景。姐姐见状，赶忙跑过来，抱起贾逵。这下，他看见了在讲课的老师，看到了学生们正摇头晃脑地跟着老师读书。贾逵实在是高兴极了，他也好像是坐在教室中的学生一样跟着读起来。老师让学生写字，贾逵便用小手在空中比画着学写字

从那以后，贾逵每天都要到学堂外听老师讲课。由于他个子太小，看不见学堂里的情景，于是便搬来一块大石头，放在篱笆边上，他就站在大石头上，透过学堂的窗户听课。有时候，天下大雨或漫天风雪，姐姐便劝贾逵不要出门。可贾逵那强烈的求知欲，促使他一天都不肯中断学习。大雪纷飞时，他也披着蓑衣站在篱笆外听课。

几年来，贾逵风雨无阻，从没有中断过一天。每天“上完课”回到家中，他便把听的内容都记录下来。一有时间，就拿着木棍在地上练习写字。贾逵就是在如此艰苦的条件下，勤奋刻苦地学习着。

最后，贾逵终于成为当时著名的大学者，他的学说被世人称为“贾学”。

智慧宝箱

成功的人，未必都很完美，也未必都很快乐，但他们有这样一项特质是常人所没有的，那就是专心致志，就是勤奋。贾逵的勤奋好学，不仅让他功成名就，而且也令无数的后人为之动容。这种执著、勤奋的精神，是值得男孩们学习的。

彼得大帝的努力

彼得大帝也是通过艰辛的努力才真正得到自己的王位的。他和其他王室成员有所不同的是，他会经常换下宫廷服装，穿上工作服去从事劳动。

彼得大帝发现西欧文明的成果在俄国几乎不为人知，感到痛心疾首，下定决心要行自我教育，要提高自己国民的整体素质。26岁那年，这个年龄的王子们都处在耽于玩乐的年龄，彼得大帝不同，他开始周游各国，当然他的目的并不是为了游山玩水，而是去向这些国家中的优秀人士学习。在英国，他在造纸厂、磨房、制表厂和其他工厂里干活。在荷兰，他自愿为一位造船师当学徒他不仅细心地观察，而且像一个普通工人一样干活拿取工资。

在伊斯提亚铸铁厂，他用了整整一个月的时间来学习怎样冶炼金属，最后一天他铸造了18普特的铁，并且把自己的名字铸在了上面。其他一些陪同他出访的俄国贵族子弟可能根本不会想到自己会干这等苦活，当然最后他们也都不得不拉风箱还有背运煤块。

彼得问工头穆勒，普通的铁匠每铸1普特的铁可以得到的报酬是多少。“3个戈比。”穆勒回答说。但是工头付给彼得大帝18个金币。“这些金币还是你自己留着吧，”彼得说，“我并没有比普通的铁匠干更多的活，你给别人多少报酬就给我多少吧！但是我想买一双鞋，我的鞋实在不能穿了。”实际上彼得脚上穿的鞋已经补过一次了，再加上现在又满是破洞。他对新鞋很满意，说：“这是我用自己的汗水换来的。”

作为对亲自参加工作的这位伟大国王的纪念。彼得大帝铸造的铁棒现在还在穆勒的伊斯提亚铸铁厂展示着，上面有他的名字。还有一根保存在匹兹堡的国家珍奇博物馆。

智慧宝箱

俗话说地好，天下没有免费的午餐。只有靠自己的辛勤劳动和汗水换来的生活才是最美好、最真实的生活。男孩们如果要想收获美好的果实，那就一定要付出辛勤的劳动，这样才能拥有一个美好的人生。

勤奋铸就辉煌

吴士宏从一个不起眼的护士职业到IBM华南区的总经理，微软中国总经理，TCL集团常务董事、副总裁，靠的就是一种不断超越自己的进取和勤奋的精神。

吴士宏曾是北京一家医院的普通护士。吴士宏自己曾这样形容说，那时的她除了自卑地活着，便一无所有。她自学高考英语专科，在还差一年毕业时，无意中看到报纸上IBM公司的招聘信息，于是她通过外企服务公司准备应聘该公司，但是在此前外企服务公司向IBM推荐过好多人没有一个有幸被聘用，吴士宏不仅没有外企工作的资历，而且也没有高学历，但她有这样一个信念，那就是“绝不允许别人把我拦在任何门外”。

1985 年，吴士宏为了离开原来毫无生气甚至连温饱都满足不了的护士职业，凭着一台收音机，花了一年半的时间学完了许国璋英语整整三年的课程。恰逢此时 IBM 公司招聘员工，于是吴士宏鼓足勇气，来到了长城饭店，径直走进了世界最大的信息产业公司 IBM 公司的北京办事处。

吴士宏顺利通过了 IBM 公司十分严格的大部分面试环节。到了面试即将结束的时候，主考官问她会不会打字，她条件反射地应了一声：“会！”“那么，一分钟能打多少字呢？”“您的要求是多少？”主考官说了一个打字速度的标准，吴士宏马上承诺说可以达到。因为她环视四周，发觉考场里没有摆放一台打字机。果然，主考官说等到下次录取时再加试打字环节。

面试一结束，吴士宏飞也似的跑回去，实际上吴士宏此前从未摸过打字机。回去后吴士宏向亲友借了 170 元买了一台打字机，之后便没日没夜地敲打了整整一星期，双手疲乏得连吃饭都拿不住筷子，这样的努力竟让她奇迹般地敲出了专业打字员的水平。以后她用了好几个月的时间才将这笔对她来说不小的债务还清，而 IBM 公司却一直没有考她的打字技能。

就这样吴士宏成了这家世界著名企业的一名最普通的员工。就是因为凭借着这种不断超越自我的勤奋精神，吴士宏顺利地迈入了 IBM 公司的大门。当然这并不是她的最终目标，进入 IBM 公司的吴士宏不甘心只是做一名普通的员工，所以她每天比别人多花 6 个小时用于工作和学习。经过不懈的努力吴士宏终于在同一批聘用者中，第一个做到了业务代表的职位。接着，过人的付出又使她成为第一批本土的经理，之后又成为第一批去美国本部作战略研究的人。最后，吴士宏成为 IBM 华南区的总经理。

吴士宏于 1998 年 2 月 18 日被任命为微软（中国）有限公司总经理，全权负责包括香港在内的微软中国区业务。据说国际猎头公司和微软公司做了长达半年之久的艰苦努力只为争取她加盟微软。吴士宏在微软仅仅用7个月的时间便顺利完成了全年销售额的130%。在中国信息产业界中，吴士宏更是创下了这几项第一：第一个成为跨国信息产业公司中国区总经理的内地人；唯一一个只有初中文凭和成人高考英语大专文凭的总经理；唯一一个在如此高位上的女性。在中国经理人中，吴士宏更是被尊为“打工皇后”。

智慧宝箱

面对那些学习上的尖子、各个领域的明星人物、生活中的强者，我们都会情不自禁地问自己：“为什么他们能够取得如此之大的成绩，而自己却总是这样平平庸庸地过活呢？”这是因为他们都拥有很多倍的勤奋精神，也正是这种不断超越自我的勤奋精神，成就了他们人前的辉煌。

勤奋努力终将功成名就

有一天，有位年逾古稀的老太太拿着一本破旧的作业本来问巴尔扎克：“大作家，你快来给我瞧瞧，这小子有没有天赋？将来是不是块当作家的料？”

巴尔扎克接过作业本后认真地看了看，然后胸有成竹地说：“看这个作业本就知道，这小子天赋不高，灵气不多，凭这将来就很难当上作家。”

老太太听完这番话之后，竟然发自内心地笑道：“好小子，我以为你们当作家的什么都懂呢，没想到你连自己30多年前写过的小学作文都看不出来呀！”

听了老太太的话，巴尔扎克也禁不住笑了起来。他做梦都没有想到，这位老太太竟然就是自己30多年前的小学教师。

巴尔扎克的判断显然是错的，因为他只是看到了写这个作文的这个孩子的基础能力，但却忽视了孩子将来的努力，更是忽视了一个根本的原则，那就是人是可以发展和变化的。但是，他也有言中的一面，那就是在侧面验证了任何人都不可能一出世就名扬天下，誉满全球的真理。

巴尔扎克也曾在成名之前困惑过，狼狈过。他本来是学法律的，可在大学毕业后，偏偏想当个作家，并且全然不听父亲让他当律师的忠告，当时巴尔扎克和他父亲之间的关系搞得十分紧张。之后不久，他的父便不再向他提供任何生活费用。那个时候他写的那些东西又不断地被退了回来，于是巴尔扎克陷入了困境，开始负债累累。最困难的时候，他甚至只能喝点白开水，吃点干面包。但是他还算是挺乐观的，每当就餐，便在桌上画上一只只盘子，上面写上"香肠""奶酪""火腿""牛排"等字样，然后在自我想象的欢乐中狼吞虎咽地吃着本是单调的食物。

但是在这一段最为失意的日子里，巴尔扎克竟然选择破费将近700法郎去买了一根镶着玛瑙的粗大手杖，并在手杖上刻了一行鞭策自己的字：我将粉碎一切障碍。

也正是这句无所畏惧、一往无前的名言，支撑着他渡过了难关。后来，他终于成功了。

巴尔扎克的作业和手杖又再一次证明了无数成功人士坚信的箴言："勤能补拙是良训，一分辛苦一分才。"

智慧宝箱

在成功与失败之间，并没有一道不可逾越的鸿沟。男孩们你们要相信，对绝大多数人而言，只要按既定目标执著地追求，勤奋努力，就终有功成名就的一天。

第十章

真诚的男孩注定会成功

职场上的真诚相对

对于即将要踏入社会的应届大学毕业生而言，最关心的事便是求职。在求职面试的过程中有许多的技巧，于是许多人通过书籍，网络四处寻找面试措施和策略，到处讨教面试“法宝”。

王鹏是众多应届毕业生一样，面试前，读过很多的相关文章，查过不少资料，向几个师兄讨教过。反馈回来的信息竟是五花八门，无奇不有，这反而把他弄得有点不知所措。特别是那些“经典的特例”更是让他信心全无，难道面试真的像故事里写的一样？王鹏设想了很多的方案，决定灵活应对，以“巧”取胜。

他要去面试的这家公司，是他向往已久的一家，因此他为了这次面试做的准备也是相当充分的。终于轮到他了，对面坐着两位考官。一位中年人先开口：“你的资料，我们大致看过了，你在学校各方面似乎都并不太突出，我们的看法正确吗？”

王鹏怎么也没有料到，考官一上来竟然问了这样的一个问题。他镇定了一下后回答：“是这样的，在大学里我真的不够努力。”连他自己也没有想到自己为什么会这样回答。紧接着另一位考官开始发问：“你为什么应聘我们的公司？其实同行业的公司有很多都在招聘，为什么没有选择别家？”

可能是还没有从上一个提问中回过神来，王鹏随口答道：“在我大三的时候我就看上了你们公司，我觉得它非常的适合我。我听师兄说，虽然公司的工资并不算好，但是这里给员工的发展空间很大，如果不能被录用，我当然也就只好去别家试试运气，但是我还是特别的想进贵公司。”

年长的考官在听完王鹏的回答后，举手示意下一位进来。在王鹏离开的时候,感到非常的失落。因为他对自己今天的表现非常的不满意，他没有想到自己竟然是如此的怯场和笨拙。面试前设计的对策都没有用上，当然他也没有想到面试的问题竟然是如此的简单。并且看上去，是这样的微不足道。

半个月后，王鹏收到了这家公司的录用通知，当时的他迟迟不敢相信这是真的，感觉像是天上掉了馅饼一般。事后他才之后，那位年长的考官就是公司的总经理，是他执意要录用王鹏的，理由简单到王鹏自己都不敢相信。那就是，这个小伙子很真实，单纯，总经理相信他一定会认真做事。

智慧宝箱

真诚是一种内心的自然流露，不是光靠技巧就能获得的；它要建立在对人的乐观看法、对人有基本的信任的基础上，同时他也建立在接纳自己、自信谦和的基础上。在职场面试的时候这样一个来自内心的有力“法宝”，却被不少求职者在一味的寻求那些面试秘籍的时候，被忽略得一干二净。但是王鹏在面对尴尬的面试问题是，却没有试图用美好的辞藻去修饰自己并不完美的过往，而是真诚地说了自己原本的样子。这样的不做作感动了总经理，也让他为自己递交了一份合格的答卷。

居于高位也不失真诚

齐国的相国晏子出使晋国完成公务以后，在返国的途中，路过赵国中牟的时候，远远地瞧见有这样一个人，他身穿反皮衣，头戴破毡帽，从背上卸下一捆柴草，正停在路边歇息。走近一看，晏子觉得此人无论从神态、气质、举止各个方面都不像个粗野之人，为什么会落到如此落魄的地步？于是出于好奇，晏子让车大停止前行，并亲自下车询问："你是谁？是怎么到这里来的？"那人如实相告："我是齐国的越石父，3年前被卖到赵国的中牟，给人家当奴仆，从那以后就失去了人身自由。"

晏子又问："那么，我是否可以用钱物把你赎出来？"

越石父说："当然可以。"

于是，晏子就用自己的一匹马作代价，赎出了越石父，并同他一道回到了齐国。

晏子到家以后，没有跟越石父告别，就一个人从车上径直下来进屋去了。这件事使越石父十分不满，他要求与晏子绝交。晏子百思不得其解，派人出来对越石父说："我过去与你并不相识，你在赵国当了3年的奴仆，是我将你赎了回来，使你重新可以获得自由。应该说我对你已经很不错了，为什么你这么快就要与我绝交？"

越石父回答说："如果一个人有自尊而且有真才实学，当他受到不知底细的人的轻慢时，是不必生气的；可是，他如果得不到知书达理的朋友的平等相待，他当然是会愤怒的！任何人都不能自以为对别人有恩，就可以对别人毫不尊重；同样，一个人也完全不必因受惠而卑躬屈膝，丧失尊严。晏子用自己的财产赎我出来，本是他的好意。可是，他在回国的途中，一直没有给我让座，我以为这不过是他一时的疏忽，没有计较；现在他到家了，却只顾自己进屋，竟连招呼也不跟我打一声，这不正说明他依然在把我当奴仆看待吗？既然如此，我还是去做我的奴仆好，请晏子再次把我卖了吧！"

晏子听了越石父的这番话，赶紧出来对越石父施礼道歉。他并且诚恳地说："我在中牟时只是看到了您不俗的外表而已，现在才真正发现了您非凡的气节和高贵的内心。恳请您可以原谅我的过失，不要弃我而去，可以吗？"从此，晏子将越石父尊为上宾，以礼相待，就这样，渐渐地，两人成了相知甚深的好友。

智慧宝箱

男孩们要记住当你为别人做了好事的时候，不能自恃有功，傲慢无礼；当这个人认为自己优越于他人而看低别人，完全不尊重别人的不同看法或做法时，这骄傲就成为自高自大、目中无人的态度和行为，必定会使人反感。当然如果你是受人恩惠的人，也不应谦卑过度，丧失尊严。谁都有帮助别人的机会，同样也会遇到需要别人帮助的难题，只有大家做到真诚，平等的相互对待，才会有温暖与和谐的存在。

刘备的三顾茅庐

汉末，黄巾事起，天下大乱，曹操坐据朝廷，孙权拥兵东吴，汉宗室豫州牧刘备听豫州长社人徐庶和豫州阳翟人司马徽说诸葛亮学识过人，又有才能。于是便和关羽、张飞带着礼物到隆中卧龙岗去请诸葛亮出来，能够帮助他做事。不巧的是，这天诸葛亮有事出去了，刘备只得失望而归。

不久后，刘备再次和关羽、张飞冒着大风雪第二次去请。到了诸葛亮的家，刘备看见一个青年正在读书，急忙过去行礼。可那个青年是诸葛亮的弟弟。他告诉刘备，哥哥被朋友邀走了。刘备非常失望，只好留下一封信，表达自己对诸葛亮的敬佩以及请他出来帮助自己挽救国家危险局面的意愿。

又过了一些时候，刘备选了个好日子，准备再去请诸葛亮。关羽说诸葛亮也许根本就是徒有虚名，未必有真才实学，不用去了。张飞却主张由他一个人去叫，如果这次再请不来他，那就用绳子把地捆来。刘备把张飞责备了一顿，又和他俩第三次访诸葛亮。抵达时，诸葛亮正在睡觉。刘备不敢惊动之，一直站着等到诸葛亮自己醒来，才彼此坐下谈话。

诸葛亮给刘备分析了天下形势说：“北让曹操占天时，南让孙权占地利，将军可占人和，拿下西川成大业，和曹、孙成三足鼎立之势。”刘备一听，非常佩服，求他相助。诸葛亮

诸葛亮见到刘备有志替国家做事，而且如此诚恳地请他帮助，便出来全力帮助刘备建立蜀汉皇朝。

智慧宝箱

当我们决定要做一件事情的时候，无论遇到怎样的阻碍，都要有一种不厌其烦的毅力做一个有志气、有追求、有思想的人，只有这样，做事最终必然成功。男孩们要记住不管在学习上，还是在生活上；不管前面的道路多么泥泞，任务多么艰巨，只要有毅力、有目标，最终的成功一定属于你们。

严于律己的真诚最打动人

隋唐时期最有名的战将之一尉迟恭，原为宋金刚的部下，公元620年4月，宋金刚兵败逃命，尉迟恭等人不得不投了李世民，一同投降的寻相将军及宋金刚的部下、士卒在夜间偷偷地逃走了。

屈突通、殷开山等几人，害怕尉迟恭逃跑，为唐留下后患，便把尉迟恭捆了起来，跑去对李世民说：“尉迟恭骁勇绝伦，万人无敌，日后必为唐之大患，必须及早除之。现我等已乘其不备把他捆了起来，一切听候您的发落。”

李世民闻言大惊：“你们可知，尉迟恭若要叛变，怎么可能落后于寻相将军？现在寻相叛而敬德留，足见尉迟敬德毫无叛志呀！”

说完，赶忙亲手为其解开了绳索，并把他引到了自己的卧室，拿出一箱金子相赐，说：“大丈夫只以意气相待，请不要为小事介怀。若将军不愿留在此处，这箱金子可供作为路费，略表我心。当然，我是绝对不会因谗害正，更不会强留不愿与我交朋友的人。”

尉迟恭听李世民一席话，声泪俱下，立刻下拜道：“大王如此相待，恭非木石，岂不知感，誓为大王效死，厚赠实不敢受。”

李世民忙扶起他说：“将军果肯屈留，金不妨受。”

尉迟恭继续推辞，李世民便说：“就作为以后有功时的赏赐吧，先收下。”

次日，李世民带了500骑兵巡视战场，突遭王世充骑兵的包围追杀。王军人数过万，带队的又是大将单雄信，唐时名将，惯用长槊，紧紧地缠住李世民不放，李世民眼看就要被生擒，在这性命垂危的紧急关头，突然一员猛将飞驰而至，冲开层层包围，把李世民从刀枪丛林中救了出来。

此人正是众人皆疑独李世民信任的尉迟敬德。

李世民回营后对敬德说：“众将疑公必叛，我谓公无他意，相报竟这般快速！”

智慧宝箱

为人真诚，严于律己，自然就会感动别人，同时受到人们的敬仰。真诚的人最能接近快乐。反而虚伪、欺诈、奸猾的人，就需要不断地掩饰自己，就好比一面原本明亮的镜子，被蒙上了一层灰尘，就再难照出快乐的面目了。

一个具有高尚品德的人，才能干一番大事业，同样最朴素的真情最能打动人。

坦诚相待

曾巩是宋朝的一位诗人。他为人正直宽厚，襟怀坦荡，对朋友一贯直言相对。他和王安石在年青的时候就是好友。王安石二十五岁那年，当上了淮南判官，他从淮南请假去临川看望祖母，还专门去拜见曾巩。曾巩见到王安石十分高兴，非常热情地招待了他，后来还专门赠诗给王安石，描述相见时的情景。

有一次神宗皇帝召见曾巩，问他，“你与王安石是布衣之交，你觉得王安石这个人到底怎么样呢？”曾巩没有因为自己与王安石多年的交情而随意抬高他，而是很客观且直率地回答说：“王安石的文章和行为确实不在汉代著名文学家杨雄之下；但是，他为人过吝，终比不上杨雄。”

宋神宗听了这番话，感到非常惊异，问道：“你和王安石是多年好友，为什么这样说他呢？据我所知，王安石为人轻视富贵，你怎么说是‘吝’呢？”

曾巩回答说：“虽然我们是朋友，但朋友并不等于就没有毛病。王安石勇于作为，而‘吝’于改过。我所说的‘吝’乃是指他不善于接受别人的批评意见从而改正自己的错误，并不是说他贪惜财富啊。”

宋神宗听后更钦佩曾巩为人正直，敢于批评，称赞道：“此乃公允之论。”

智慧宝箱

即使是最“善良”的谎言也是既不利己亦不利人的。要相信坦诚的人生就是坦荡的人生，在别人的观念中你就是一个透明且可信赖的人。

坦诚的对待别人，坦诚的与别人相处，人都有保持心理平衡的需要，一种交往如果不能维持一方或双方的心理平衡，势必造成关系的裂痕。坦诚是一种不隐瞒、不修饰的还原本相和本真，也是与他人、与自己、与天地的积极地相处之道。

真诚让关系延续

美国加州的某数码影像有限公司现需要招聘一名技术工程师，一个叫做史密斯的年轻人看到了这则招聘信息便前去面试，到达面试地点后他在一间空旷的会议室里忐忑不安地等待着。这时，一个相貌平平、衣着朴素的老者走了进来。史密斯站了起来。那位老者眼睛一眨也不眨地盯着史密斯看了半天。

正在史密斯不知所措的时候，这位老人一把抓住了史密斯的手，说道：“我可找到你了，我真的太感谢你了！上次如果不是你，我可能就再也看不到我女儿了。”

“对不起，我不明白您的意思。”史密斯一脸迷惑地问道。

“上次，就是你，就是你，在中央公园里，把我那不小心失足落水的女儿从湖里救了上来！”老人满脸感激且肯定地说道。

史密斯明白了事情的原委，原来老人把自己错认成是他女儿的救命恩人了，连忙说道：“先生，您一定是认错人了！不是我救的您的女儿！”

“是你，就是你，我肯定不会认错的！”老人再一次肯定地说着。

史密斯面对这个感激不已的老人只能继续解释说："先生，真的不是我！您说的那个公园我连去都没有去过呢。"

听了这句话，老人失望的松开了手，望着史密斯说："难道我认错人了？"

史密斯连忙安慰老人说："先生，您别着急，我相信您一定可以找到救您女儿的恩人的。"

后来，史密斯接到了这家公司的录取通知书。有一天，他又遇见了那个老人。史密斯关切地与他打招呼，并询问道："那位您女儿的恩人找到了吗？"

"没有，我一直都没有找到他。"老人默默地走开了。

看着老人的背影，史密斯心里很沉重，对旁边的一位司机师傅说起了这件事。不料那司机却哈哈大笑的说道："他可怜吗？他就是我们公司的总裁，他根本没有女儿。"

"噢？"史密斯大惑不解。

那位司机接着说："我们总裁是通过这件事来选人才的。他说有德之才才是可塑之才。"史密斯被录用后，兢兢业业，不久便脱颖而出，成为这家公司市场开发部总经理，一年之内就为公司赢得了3500万美元的利润。当总裁退休的时候，更是将总裁的位置交给了史密斯继承，就这样他成为美国家喻户晓的财富巨人。

后来，当他谈到自己的成功经验时，这样说道："一个人要一辈子做有德之人，才会赢得别人永久的信任！"

智慧宝箱

靠一点缘分，人和人有了相遇的可能，靠一份诚意，人和人有了相处的延续，无论是在现实的生活中还是在虚拟的网络世界里，我们都要和他人相处。男孩们要永远记得人和人之间不要太多的心眼，如果你跟谁交朋友完全是为了有利可图的话，那还是算了吧，人和人之间，真诚才是让两个人的关系得以延续的唯一环节。

真诚的温暖

他是一个劫匪，坐过牢，又杀了人，穷途末路之际他决定去抢银行。

这是位于斯里兰卡的一个很小的储蓄所。抢劫遇到了从来没有过的不顺，抢劫途中两个女子拼命反抗，他把其中一个杀了，另一个被劫持上了车。因为有人报了警，在逃跑的路上警车越来越近。

这个21岁的女孩子才刚刚参加工作，她父母双亡，只有这一个哥哥。

为了这份工作，她拼命读书，没钱的时候是她哥卖了血供她上学的。她想她真是命苦，刚上班没几天就遭遇这样的事情，怕是没有生还的可能了。

终于他被警察团团包围了，所有的警察都让他放下枪，不要伤害人质，但他疯狂地喊着："我身上好几条人命了，怎么着也是个死，无所谓了。"说着，他用刀子在她颈上划了一刀。

她的颈上渗出血滴。她流了眼泪，她知道自己碰上了亡命徒，生还的可能性不大了。

"害怕了？"劫匪问她。

她摇头："我只是觉得对不起我哥。"

"你哥？"

"恩，是的，"她说，"我自小父母双亡，是我哥把我养大，他为我卖过血，供我上学，他都28岁了，可还没结婚呢，我看你和我哥年龄差不多。"

劫匪的刀子从她脖子上落了下来，他狠着心说："那你可真是够不幸的。"

围着他的警察继续喊话，他却无动于衷，接着和她说着她哥。他身上不仅有枪，还有雷管，完全可以把这辆车引爆，但他忽然想和人聊聊天，因为他的身世也同样不幸，他的父母离了婚，他也有个妹妹，他也是供着妹妹上了大学，但他却不想让妹妹知道他是杀人犯！

她和他讲着小时候的事，她说她哥居然会织手套的事情；她说在她 13 岁来例假之后曾经去找一个 20 多岁的女孩子帮她的事情，她一边说一边流眼泪。他看着前方，看着那些喊话的警察，再看着身边这个女孩，忽然感觉尘世是那么的美好，但是一切都已经来不及了。

他拿出手机，递给她："来，给你哥打个电话吧。"

她平静地接过来，知道这是和哥哥最后一次通话了，所以，她几乎是笑着说："哥，在家呢？你先吃饭吧，我在单位加班呢，不回去了……"

这样的生离死别竟然被她说得如此家常，他的妹妹也和他说过这样的话，看着这个自己劫持的女孩，听着她和自己哥哥的对话，他伏在方向盘上哭了。

"你走吧。"他说。

她简直不敢相信自己的耳朵。

"快走，不要让我后悔，也许我一分钟之后就会后悔！"

她下了车，走了几步，居然又回头看了他一眼。她永远都不会想到，是她那个再平实不过的家常电话救了她，那个电话，唤醒了劫匪心中最后仅存的一点善良，救了她的命！

她刚走到安全地带，便听到一声枪响，劫匪饮弹自尽，倒在方向盘上。

很多人问过她到底说了什么让劫匪居然放了她，放弃了唯一生存的机会。她平静地说，我在电话里对我哥说的最后一句话是："哥，天凉了，你多穿衣。"

她并没有和别人说起劫匪的眼泪，因为她知道就算说出来别人也不相信，但她知道那几滴眼泪，是人性的眼泪，是善良的眼泪。

智慧宝箱

人和人和睦相处的时间里，多一点宽容，少一点责骂。多一分理解，少一分误读。多一份关怀；带着一颗感恩的心来对待他人，这样的好处是日积月累的，他人也会以同样的方式来回报你，这个世界注定是因为内心善良真诚的人而变得光彩四溢。

真诚赢得人心

有一次，詹姆斯太太在美国旅游，逛到百货公司的皮鞋部，进口处有一堆鞋子，标着“超级特价，只付一折即可穿回”。她瞥见一双漂亮的大红鞋子，拿起来一看，简直令人不敢相信，原价70美元的鞋子，只要7美元。她试了试，觉得皮软质轻，实在是完美无瑕，她真是乐不可支。更可爱的是，她身上的红外套，倒像是为这双鞋定做的。

她把鞋捧在胸前，然后招手呼唤服务小姐。工作人员笑眯眯地走了过来：“您好！您喜欢这双鞋？正好配您的红外套！”工作人员伸出手说：“能不能再让我看一下？”詹姆斯太太把鞋子交给她，不禁担心起来，问：“有什么问题吗？价钱对吗？”那位服务小姐赶紧安慰说：“不！不！别担心，我只是要确认一下是不是那两只鞋。嗯！的确是！”“什么叫两只鞋？明明是一双啊！”

那位小姐说：“既然您这么中意，而且打算买了，我一定要跟您说明一下，把真实情况告诉您，请到旁边坐。”她领着詹姆斯太太避开拥挤的人群，走到僻静的角落坐下。

她开始解释："非常抱歉！我必须让您明白，它真的不是一双鞋，而是相同皮质、尺寸一样、款式也一样的两只鞋。您仔细比较一下，虽然颜色几乎一样，但是，还是有一些色差，我们也不知道是否以前卖鞋时，销售员或者顾客弄错了，各拿一只，所以剩下的左、右两只正好又能凑成一双。我们不能欺骗顾客，免得您回去发现真相以后后悔而责怪我们。如果您现在知道了而放弃，您可以再选别的鞋子。"

这真诚的一席话，哪有不让人心软的！何况，穿"两只鞋"又不是立正齐步走，或是让人蹲下仔细比较两边的色泽。詹姆斯太太心里愈想愈得意，除决定买那"两只鞋"以外，不知不觉又买了"两双"鞋。

时过几年，那双鞋仍是她的最爱。每当朋友夸赞那双鞋颜色漂亮时，詹姆斯太太仍旧不厌其烦地讲述那个动人的故事。唯一的"后遗症"是，每次她到纽约时，总要抽空"回到"那家百货公司捧回两三双鞋。

智慧宝箱

完美的人格魅力，其基本点就是真诚，而真诚待人是赢得人心，产生吸引力的必要前提。待人真诚一点，就能更多地获得他人的信赖、理解，能赢得更多的支持、合作。男孩们，不管你们拥有多少财富，也不管你们为大家付出多少，都不要轻易自我满足，不要轻易放弃真诚的待人之心。只要在你的内心深处始终坚持"我为大家做得还远远不够"，那么，你就会充满人格魅力。不管走到哪里，都会是一位备受大家尊重且成功的人。

第十一章

认真的男孩最可爱

成大事者看重细节

有一天，美国第16任总统林肯来到华盛顿的大街上“微服私访”，身后跟随着几个便衣保镖。忽然，他看到在一家名为《智慧》的杂志社门前围了一大群人，出于好奇，他马上凑了过去。结果发现，在华丽的墙壁上竟钻了一个小洞，洞旁写着：不许向里看！人们争先恐后地观望，林肯也顺着小洞向里看，原来里面是用五彩缤纷的霓虹灯组成的《智慧》杂志的广告。林肯满心欢喜，认为这家杂志很有创意，吩咐秘书为自己订一份。

《智慧》杂志果然不负众望，在内容编排、版式设计以及印刷质量上堪称一流。一天，林肯处理完当天的公务，拿起《智慧》杂志翻阅起来，在阅读过程中，他突然发现，在这份杂志中间有几页没有被裁开。林肯很扫兴地将杂志放到了一边。晚上，林肯躺在床上时，想起这本优秀的杂志为什么犯这样低级错误，会出现这种连页现象？他由此联想到杂志社曾在墙壁上的小洞广告，难道这回又有什么新花样？

他翻身下床，用小刀裁开了书的连页。裁开之后，发现连页中的一节内容被纸糊住了。林肯想，被糊住的地方大概是印错了。好奇心驱使林肯又用小刀一点点地撬起了糊着的纸一探究竟。最后，他发现下面竟写着这样几行字：恭喜您！您用您的好奇心和接受新事物的能力获得了本刊1万美元的奖金，请将杂志退还本刊，我们将负责调换并给您寄去奖金。

林肯对编辑部这种有趣的做法极其欣赏，便提笔写了一封信，附上了自己的一些建议。不久，林肯便接到了新调换的杂志和杂志社的回信：总统先生，在我们这次故意印错的300本杂志中，只有8个人从中获得了奖金，看来您的确是真正的智者。根据您来信的建议，我们决定将杂志改名。

这本杂志就是今天著名的《读者文摘》。

智慧宝箱

回顾历史，大凡成大业者，都注重细节。“成大业若烹小鲜，做大事必重细节”。看不到细节，或者漠视细节的人，对事情缺乏认真的态度，做事敷衍。一些人把一些事情当做苦差事，而不是认为这是一件有趣的事情。他们永远只能做别人分配给他们的工作，不能独立把事情做好。只有多关注细节，才能捕捉到常人看不到的信息，进而从中提炼出有价值的部分为自己所用，将事情做到最好。

保持灵魂的热度

1998年4月，海尔集团在全公司范围内掀起了向员工魏小娥学习的活动，学习她“认真处理每一个问题的精神”。

海尔公司当年为了发展公司的整体卫浴设施的生产，在1997年8月，派遣33岁的魏小娥去日本学习世界上最先进的整体卫浴的生产技术。在此期间，魏小娥发现，日本人试模期废品率大多数都保持在30%至60%，设备调试正常后，废品率竟然降到为2%。

魏小娥问日本的技术人员：“为什么不把合格率提高到100%？”日本人技术人员认为这个是不可能的。当时，魏小娥就意识到，不是日本人能力不行，而是思想上就放弃了那2%。作为一名有使命感的海尔员工，魏小娥对自己要求的严格标准就是100%，她没有浪费在日本的一分一秒，3个月后学成归国，带着日本人先进的技术知识和赶超日本人的信念重返海尔，并且为自己制定了“要么不干，要干就做到最好”信念。

时隔半年，日本模具专家宫川先生来华访问，见到了当时还是“学徒”此时已是卫浴分厂的厂长的魏小娥，面对着一尘不染的生产车间，操作熟练的员工和100%合格的产品，他震惊了，连忙向她讨教其中的奥秘。

模具专家问：“你们是怎样做到现场清洁的？100%的合格率对于我们来说是不可能的，2%的废品率、5%的不良品率就已经合乎我们的标准，你们又是怎样把产品合格率提高到新的高度？”

“用心。”魏小娥简单的回答让宫川先生思绪万千。诚然“用心”看似简单，实则不然。

在这里有一个关于魏小娥的故事。在一次试模的前一天，魏小娥在原料中发现了一根头发。这将势必会增加废品率。魏小娥马上给操作工统一制作了白衣、白帽，并要求大家统一剪短发。又一个可能出现2%废品可能性被消灭在萌芽之中。

2%的责任得到了100%的落实，2%的可能被一一杜绝。终于，100%，这个被日本人认为是“不可能”的产品合格率，被魏小娥落实了，这个100%的标准存在于试模期间和设备调试正常后。

智慧宝箱

所谓认真，就是用你的生命热度，用你的全身心的真实情感投入，用你整个灵魂最激情的热度，去持之以恒坚持不懈地完成一件事，这个是一种自始至终的态度。毛泽东说过：“无论做什么事，怕就怕在‘认真’二字。”认真，说起来容易，作起来难。我们在处理任何一件事情，不论大小，无所谓它有多么的艰难还是容易，都要我们全力以赴地认真去做，这样才能够面对各种问题，化难为易，迎刃而解。

认真是取胜的法宝

卡尔·阿尔布雷希特和西奥·阿尔布雷希特是二战时期的一对军人兄弟，退役后他们回到了位于德国埃森市的家乡，经营起了一家食品零售超市，在两人齐心协力精心经营，生意日渐兴隆。

虽然生意好，但卡尔和西奥还是发现了一些问题：在付款时，常常会由于人多排队，一些顾客放弃购买而空手离开。

卡尔和西奥对这种现象开始思考解决办法，直到有一天，卡尔意识到，原来分币不够了。卡尔去附近的银行换了一些分币回来，而此时，一些烦躁不安的顾客已经放下商品准备离开，还有的在西奥去零为整的收款方式下付了钱走了。

在经历了又一番的思考过后，他问题不在于分币，因为货物价格有许多的尾数是几毛几分的，而这增加了收银员计算商品总款的难度。

卡尔经过仔细统计后发现，收银员用在找分币的过程中要多消耗10秒钟，如果某位顾客的前面有十个人的话，这就意味着他将要多等上100秒。而这100秒钟，足以让一个失去耐心的人空手离开。

找分币在整个经营过程中只是一个很小很小的细节，但是这个小细节却能产生那么多的负面连锁效应。于是卡尔和西奥用“四舍五入法”作出“无尾数”的收款决定：尾数在0.5马克以下的，按0收款，在0.5马克以上的则按1收款。

面对别人的担忧，卡尔解释道：“不必有这些顾虑，不愿多付的顾客，他会增加选购某种足以让他由多付0.1到0.5马克变成少付0.1到0.49

马克的商品。而我们的损失，也足以在另外那件商品中得到弥补。”

“无尾数”收款举措实行以后，果然好评如潮。在之后的日子里，这家商店在“重视每个细节”的管理中日渐壮大，在今天，卡尔所经营的超市已经成为全世界公认的零售业航母——阿尔迪，而那“无尾数”收款措施也一直沿用至今。

智慧宝箱

认真做事只是把事情做对，用心做事才能把事情做好，在这个时代制胜的法宝。任何一件事件都是做出来而不是喊出来的，对于细节来看，每一个大问题里都有一系列的小问题存在。对小事要认真负责，因为凡事无小事，简单不等于容易，只有认真对待小事，把事情做细，才能把任务出色完成。要有一颗对待每个事情的微小细节的认真持之以恒的心，那么你们就能像成功人士一样，迈向未来。

需要细心的茶道

在日本，一位女子非常向往自己能够成为一名记者。大学毕业后，她被一家新闻单位聘用了。但是，由于没有空缺的记者职位，经理叫她暂时做一些为同事泡茶的工作。虽然她不满于当前的工作安排，不过想到将来还是有做记者的机会，于是就面对有前景的未来，静下心来，每天为同事泡茶倒茶。

三个月过去后，她的耐心已经耗尽，开始抱怨这份根本不是自己期待的工作，正因她心理的波动起伏，泡出来的茶，味道也一天不如一天，但她并不知道。

有一天，她泡好茶端给经理，经理品尝了一口就破口大骂：“这茶是怎么泡的，难喝死了。亏你还是大学生，连泡杯茶这么简单的事情都不会。”她气急败坏，泪水在眼眶里打转。她准备立即马上离开这个公司，辞职不干了，但突然来了一位重要访客，必须好好招待。她心想，反正都要离开，就索性好好泡一壶茶吧。于是，她把内心的不悦暂时放一边，全身心地投入认真泡好茶，把茶端进去。当她转身刚要离开时，突然听到客人由衷地赞叹道：“哇！这茶泡得真好！”那位骂她的经理也喝了一口，也认为这壶茶泡的好。

她当时有些震惊。突然意识到，只是小小的一杯茶，两次不同的泡制过程，竟然天壤之别，一次挨骂，一次赞美，效果截然不同。这茶里显然有很深奥的学问，值得好好研究。此后，她也没有离职不干，而是对水温、茶叶、茶量都悉心琢磨。连同事的喜好、心情也去细心地观察，甚至连自己泡茶时的心情、状态会对茶叶造成的影响也了如指掌。没过多久，她成为公司的灵魂人物。几年后，她就水到渠成地被升为经理。

智慧宝箱

茶道也就是“人道”，同时其中也蕴含着做事之道。在以上故事当中，那个日本女职员在工作中悟透了茶道，紧接着她就轻而易举地悟透工作之道，进而工作节节攀升，小有成就。究其原因是茶道中需要泡茶者对每一个细节都要无微不至地关注和严格至上要求，全身心地融入了茶文化的精神。茶道中，教导我们，做好小事所彰显出来的认真细心精神，这样我们的人生达到了前所未有的高度。

细节的重大影响

美国第四大家禽公司珀杜饲养集团董事长弗克兰·珀杜，在回顾他的经商成功之道的一个故事。

弗克兰·珀杜在他年仅10岁的时候，经营家禽饲养场的父亲给了他50只劣质小鸡，要求喂养并自己经营销售鸡蛋业务。这就意味着珀杜一周七天都要工作，每天的任务就是喂食和打理鸡舍，把新下的蛋分类筛选放置。在他的精心照料下，这些先天不足的品种，开始逐渐健壮成长。没过多久，他的这批鸡的产蛋率竟然超过了父亲的优质鸡种。他回忆说："我每个月平均可收入达到15美元左右，这笔钱在大萧条时期可非同小可。当父亲切身看见我把鸡蛋拿出去卖时才开始夸奖我。"后来，珀杜逐渐对养鸡的流程娴熟起来，开始帮助父亲管理他的部分鸡场，并且超过了他父亲管理期间的效益。1984年，父亲将整个家禽饲养场全权交付给他，父亲评价珀杜：能把注意力放在一些小事上是你最大的优点。

其实，弗克兰·珀杜的成功源于他对鸡的认真观察。当时他通过自己观察这些劣质鸡的生活习惯发现，当鸡笼里关的小鸡少了时，小鸡吃得就多，成长得就比较快。但是鸡的数量少了又太浪费鸡笼，于是他找到了最佳配置，每只笼了毕养40只小鸡，结果他就找到最有效地饲养了鸡的方法。

一切智慧，其实无非都是在这基础上思考或者努力而已。而把注意力和精力放存能做好的一件事的细节上，积累了对整件事情的把握。

智慧宝箱

"天下大事，必作于细；天下难事，必成于易"。细节的价值对于一个人在于它是创造性、独一无二、无法重复。因为，细节的关键问题是我们难以复制和简单模仿的。

西方流传的一首关于细节的民谣。"丢失一个钉子，坏了一只蹄铁；坏了一只蹄铁，折了一匹战马；折了一匹战马，伤了一位骑士；伤了一位骑士，输了一场战斗；输了一场战斗，亡了一个帝国。"马蹄铁上一个钉子是一个十分微小的细节，但却能影响到一个帝国存与亡。对于我们每个人来说，日常生活工作中的每个微小行为都对日后产生重大影响。所以，我们必须要重视细节对于我们的作用。

第十二章

适应改变的男孩

心有多大梦就有多大

马特是澳大利亚的一个穷木匠，靠四处打零工勉强维持自己的生计，他的妻子阿曼达则开着一辆随时可能抛锚的破车，到建筑工地上向工人们兜售馅饼，他们的日子还是经常入不敷出。尽管日子艰辛，可夫妇二人却从未自暴自弃，反而总渴望做一些能改变自己生活的事情。

2005 年的一天，马特在一位百万富翁的豪宅里工作时，他向这名百万富翁请教起了“致富经”。富翁告诉他说：“我是靠给互联网编写软件发的财。”马特似乎一下子觉得发财的事情有了门路，兴奋地跑回家告诉了妻子。妻子打消了他对电脑和网络一窍不通的担忧。“那有什么，当初老威廉姆斯教威廉姆斯姐妹打网球时不是也对网球一窍不通吗？学习就是了。”马特信心十足地开始实施创业计划，他卖掉了他赖以为生的大斧、电锯等木工工具，用换来的 400 英镑购买了一台笔记本电脑，开始在 ebay 上经营“网店”。

马特夫妇在 ebay 上兜售的第一样东西是一张名为《如何通过网络赚钱》的 DVD 光碟，他俩甚至把“网络”这个单词都拼错了，不过即使这样，他们仍然卖出一些光碟并赚到了 77.5 英镑的“第一桶金”。这样给了这对夫妇接着干下去信心，他们开始在网店上销售其他 DVD 影碟、图书和 CD 唱片，还把他们家里不需要的东西统统放到网上去卖，每天居然能赚到 400 英镑。

马特夫妇不满足于仅有的旧货销售，开始处心积虑地寻找一些最好销的物品到 ebay 上贩卖。他们发现人们野营时用来储存食物的冰盒在澳大利亚热卖，于是他们到网上联系到一家中国公司生产冰盒的厂家，而这笔生意又让他们狠赚了一笔。

当马特夫妇的网店生意越做越大后，他们不仅仅将所有的利润都用来批进新产品，并参加各种网络营销课的学习充实自己，增强他们的网络营销技巧。马特夫妇的网店在短短两年之内促使他们摇身一变，成了百万富翁。到如今，他们已经通过 cbay 网站赚到了 800 万英镑的财富。马特夫妇仅仅用 4 年时间成就了 ebay 史上的致富传奇，他们也因此被人们誉为是“ebay 魔术师”。

智慧宝箱

面对生活，我们都不应放弃改变自己命运的想法，并且敢于付诸实践。要知道，心有多大，梦想就有多大，自身潜力取之不尽，只要你真心想改变，你也可以像他们一样，通过不懈的努力，坚持，最终得到了丰厚的回报。坚持到最后，你就是胜利者。半途而废的人往往没有意识到成功还差多远，其实咫尺之遥。

勇敢走过艰难险阻

张少云出生在湖北洪湖边上，是喝着碎米糊糊长大的。母亲对他说：“如果你长大了能够当老师，就天天有白米饭吃了。”为了吃饱饭，年幼的他就立志长大要成为老师。

后来，他考进了一所大学。张少云因为交不起学费，在第二个学期被迫回家养殖美国牛蛙。一年下来，养殖让他掘到了第一桶金。那时，美国影片《阿甘正传》在国内热映。看完电影，阿甘精神对他触动很大。于是，他怀揣着梦想来到了北京。

在北京，偶然一次听了新东方校长的一场励志演讲后，张少云激动得热血沸腾。而后，他凭感觉选择到新东方学习英语，为了以后能做一名教师。在学习时，他被这所学校深深吸引，毕业后他决定留在这里，从最基层的工作干起。他的第一份工作是做临时教室管理员，其实就是个勤杂工。他一边在这里工作，一边思考着未来：在这里，我还能干些什么呢?

不久，张少云发现新东方学校没有自己的校报，觉得这是个机会，于是就直接找到校长提出办校报的想法，并立下了军令状："一个月后，我会编一份校报给您看。如果您觉得满意，我留下；如果您不满意，我马上走人！"校长被他的气魄和胆识打动了，就鼓励他完成校报，需要帮助就来找他。于是，勤杂工转身变为校报的"主编"。从组稿、编辑、录入、排版、校对、印刷，全都由他一个人来打理。经过一个月的紧张工作，他把这份简易的样报交给校长时，校长很满意。从此，《新东方校报》正式创刊。

张少云担任校报主编的两年后，心里还是想着他的教师梦想。通过自我分析，他认为自己是具备当教师的条件。口齿伶俐，脑子不笨，勤奋。想要当新东方的教师，他就得进竞争最激烈"英语综合能力培训部"，应聘时需要经历严格的层层筛选。而他为自己制定了"三步走"计划。第一步是听最棒的老师讲课，模仿他们的讲课风格和方法；第二步他在家里设立了"课堂"，让爱人当"学生"，对着她讲一两个小时的课。就这样，他为这个学生讲了一年多的课，《新概念英语》翻烂了两本，做了20万字的笔记。他觉得时机成熟了，于是带着小黑板和一支粉笔、一本书，走进了英语综合能力培训部徐燕主任的办公室，开始了计划的第三步。他请求徐老师，给他15分钟的时间试讲。果然功夫不负有心人，15分钟后，他成为新东方的一名英语教师。

他在新东方上的第一堂课相当成功。在长达四个半小时的授课过程中，教室座无虚席，这位激情洋溢的瘦小教师赢得了上百名学生的喝彩。仅需半年的时间，他的教学水平已足以使他进入新东方最优秀的教师之列，张少云最喜欢的一句话是："我是一个演员，不是死跑龙套的。"

智慧宝箱

即便目前人生窘迫，要知道人生最重要的不是所站的位置，而是自己所奋斗的目标。所以，对于每个人来说，无论道路如何险阻，只要我们胸怀大志，坚定地向前努力奋斗。不断地充实自己，挑战自己，我们就是成功者。

付诸行动去改变

著名企业管理大师余世维，小时候和他父亲同病相怜，共同患有口吃，常常被同学们取笑。尽管余世维也不愿口齿不伶俐，但是面对先天的口吃也无济于事，于是他只能在沮丧和自卑中痛苦地度过每一天。

他的母亲想安慰他，但是一个好的不伤害他的方法不好寻觅，直言孩子他的口吃是天生的，或者对他说那只是遗传而已，因为他的父亲也是口吃，然后叫他不必难过。倘若用上面的一番话去安慰，那就等于宣判，孩子的这一生里口吃将与他随影相伴。

他的母亲经过深思熟虑后来想到了一个聪明的法子，鼓励余世维说："孩子，你不必沮丧，因为你可以改变自己。"

余世维反驳道："不！我的口吃是天生，遗传，是无法改变的！如果可以，为什么父亲这么多年来一直没有改变？"

他的母亲其实早有预期，余世维肯定会这么回答，她紧接着说："那是因为你的父亲未曾试图改变，我相信你是一个想改变自己的人，但因此必须付出努力！"

余世维记住了母亲的教诲，从此他每天都在心里告诉自己："我是一个希望改变自己的人！”，并不断地付诸努力去实施改变。他在每次开口说话前，哪怕是一句简短的话，他都要先在脑子里里把那句话组织酝酿完成，然后一气呵成地说完，在他说第一个字的时候，他就把第二个字预先组织在大脑里，最终达到连贯地说下去整句话。余世维就在这种不懈地语言训练中，不到三个月的时间，他不仅改掉了口吃的遗传病，还拥有了更多的自信力，喜欢上了与他人沟通交流，甚至因此在语言方面爱上了演讲，并最终成为一位被尊称为“华人管理教育第一人”的实战型培训专家。

智慧宝箱

有时，一个人的生活轨迹，既是先天命运的安排，也是后天自己的选择。其实，现状并不可怕，只要有一颗想着改变的坚实内心，改变的机会就会到来，其实改变自己，很容易。下定决心，付诸行动。

你是否还为你失落的生活环境而沮丧？你是否还因为自身的某些不完美之处而忧伤？如果是，请别再沮丧，别再忧伤，真正美好的日子终将来临，做一个真正想改变自己的人，只要你自己想改变并不断为之努力，只要你内心坚信你可以改变自己，甚至能够改变一切。

德摩斯梯尼的磨砺

一天，雅典正在召开关于“民主和独裁”的辩论大会，只见一个年轻人身穿淡黄色礼服，大步走上讲台。

“唉，怎么又是他？”看到他的登台，底下的听众夹杂着议论声和嘲笑声。

德摩斯梯尼对于台下的嘲讽都听到了。对于前几次演讲的失败，他的不免有些心虚。但他还是鼓起勇气，开始了演说："公民们，我讲的是雅典必须坚持民……民主制……""关键时刻他又一次口吃了,心里着急，又习惯性地耸了耸肩膀。德摩斯梯尼意识到这次又搞砸了，急得浑身发热。台下的听众一阵骚动，哄笑声四起，他又一次演讲失败了。

他默默地走下台来，激动人心地长篇演说词此时显得虚无缥缈，他沮丧懊恼。这个年轻人就是日后成为古希腊卓越的雄辩家和著名的政治家德摩斯梯尼，这一年他 18 岁。在他成功之前的道路上也是充满挫折和磨炼。

德摩斯梯尼天生口吃，嗓音微弱，还有耸肩的坏习惯。这些天生的毛病和坏习惯在当时的雅典，注定了他不能成为一名出色的演说家。声音洪亮，发音清晰，姿势优美，富有辩才是演说家所应具备的要素。但是成为卓越的政治演说家的梦想促使德摩斯梯尼做了超过常人几倍的努力。

那个时候德摩斯梯尼家后面有一座小山，趁天还没亮，他就跑上这座山，而且在跑的过程中就大声呼喊着："啊……啊……"，训练自己的发声强度。到了山顶之后，他就对着树木开始他的长篇演讲："大家好，我今天要演讲的是……"即使是树木，他面对着他们也讲得生龙活虎。

为了使吐字清楚，德摩斯梯尼时常把小石子含在口中练习讲话。时间长了，小石子儿的摩擦把他的口腔磨出了血。但他依旧义无反顾地练习吐字。利用空闲时间，他还会去剧院通过看话剧来观察演员在台上一举一动，感情的表达和动作的方式。他在练习演说时，就像演员那样把自己的感情投入到演讲中。

德摩斯梯尼不仅训练自己的发音，而且还努力提高自己文化素养。他平时研究古希腊的诗歌、神话，背诵优秀的悲剧和喜剧，探讨著名历史学家的文体和风格。德摩斯梯尼还去聆听柏拉图的每次演讲，用心揣摩这位当时公认的独具风格的演讲大师的技巧。

就这样，经过十多年的磨炼，德摩斯梯尼终于成为了一位出色的演说家，在历史长河中留下不朽的篇章。

智慧宝箱

一个人要想取得好成绩，除了刻苦，更多的还需要坚持。所以我们不必为一时没有取得回报就灰心丧气，我们只要坚持下去，幸福的成功回报总是迎面而来。生活就是这样，上山的路没有捷径，所有的路都是曲折和坎坷的，要想到达顶峰，就必须不断地征服那些悬崖峭壁和艰难险阻，只有持之以恒地坚持下去，才能够看到最美丽的风景。

自信是一种精神力量

吴鹰到达新泽西后身上只剩下区区的27美元，他决定先从最苦最累的搬运工干起。

做搬运工时，吴鹰每天都承受着高强度的体力劳动，并且和和一些越南难民在一起工作，在多重压力下他有点精疲力竭。一天，大家都休息了，老板却指名道姓让吴鹰进仓库把粘在老鼠胶上的死耗子抠下来。如果粘在耗子胶上死耗子的尸体不及时清理，尸体会腐烂发臭。

吴鹰觉得很落魄，自己在国内虽说不富裕，但起码是个有社会地位的大学老师。这千辛万苦地跑到美国，竟然沦落到如此境遇，他心里暗暗发誓，不在美国弄出点名堂决不回国。

半年后，一则招聘广告显示，当地一位著名的教授要招一名助教。这个收入丰厚，又不影响学习的助教引起了吴鹰的兴趣，顺便还能接触到最先进的科技资讯。但是报名的地方已经人满为患了。

经过筛选，取得报考资格仅剩下30多人，成功的希望实在渺茫。考试前几天，几位中国留学生使尽浑身解数终于弄清了内幕——主持这次考试的教授曾在朝鲜战场上当过中国人的俘虏，这下子历史问题严重了。中国留学生们纷纷宣告退出，表示中国人无望竞争了。

好友都规劝他放弃这次选拔考试，当时他也没抱太大的希望，但他想，自己连死耗子都抠过，还怕这个做过中国人俘虏的考官。抱着光脚不怕穿鞋的精神，吴鹰的自信使他很很快地融入助教的角色中。

“OK！就是你了！”当教授给还在疑惑的吴鹰解释道，“在所有的应试者中，你并不是最好的，但你的自信心却远远地超过了他们。我需要的是一个很好的助教，跟几十年前的事无关。我欣赏你的勇气，这是你被录用的原因。”

走出考场后，在得知吴鹰被录用后，那几位中途退出的留学生后悔莫及。后来吴鹰才听说，教授当年是做过中国军队的俘虏，但中国士兵没有为难过他，他至今还记忆犹新。

智慧宝箱

自信是一种积极向上的心理状态，使人们相信自己有能力实现目标，是推动人们进行活动的一种强大动力，也是人们完成任务的强力支撑。

美国教育家戴尔·卡耐尔在调查了很多名人的经历后指出：“一个人事业上成功的因素，专业技术只占15%，而良好的心理素质要占85%之多。”自信是成功的保证，是相信自己有力量克服困难，有自信心的人能够务实地评估自己的知识和具备的能力，能虚心接受他人的教导，并且对未来充满信心。

自信心是一种内在的精神力量，它能鼓舞人们去克服困难，不断进步。这样我们才能承受挫折，铲除艰难险阻。战胜逆境最重要的是树立坚定的信心，集中全部的自信力去迎接各种挑战。

成功在于探索

法国著名美容品制造商伊夫·洛列靠经营花卉发家，从1960年开始生产美容化妆品，到如今他在全世界的分店已逾千家，他的产品在世界各地深受人们的喜爱。

伊夫·洛列原先对花卉抱有极大的兴趣，经营着自己的花卉店。一个偶然的机会，他从一位医生那里得到了一种专治痔疮的特效药膏秘方。他对这个秘方产生了浓厚的兴趣。他想：能不能使花卉的香味深入药膏，使之成为芬芳扑鼻的香脂呢。说干就干，凭着浓厚的兴趣和对于花卉的了解，不久之后，伊夫·洛列果然研制成了一种香味独特的植物香脂。他十分兴奋，于是便带上他的产品挨家挨户地推销，取得了意想不到的结果，几百瓶试制品不大工夫就卖得一干二净。由此，伊夫·洛列想到了利用花卉和植物来制造化妆品。他认为，利用花卉原有的香味来制造化妆品，能给人以自然清新的感觉，而且原材料来源广泛，所能变换的香型种类也非常多，前途一定会大好。

他开始游说美容品制造商实施他的计划。但在当时，人们对于利用植物来制造化妆品是持否定态度的。每个制造商都没有听完伊夫·洛列的建议便摇摇头、挥挥手，对他下了逐客令。但是伊夫·洛列坚信自己的想法没错。于是，他自己向银行贷款，建起了自己的工厂。

1960 年，洛列的第一批花卉美容霜研制出来了，开始小批量生产结果在市场上引起了轰动。在极短的时间内，就顺利卖出了 70 多万瓶美容霜，这对于洛列来说，不啻是个巨大的鼓舞。

伊夫·洛列利用花卉制造美容产品，可以说是一次大胆的尝试，那么，他利用邮购的方式来推销产品，便可以说是一种创举了。伊夫·洛列开创了自己的公司之后，曾在报刊上刊登过广告，不过效果不太好，花费较大，反应却并不强烈。有一天，他突然有了一个想法，在广告上附上邮购优惠单，那么一定会引起许多人的注意。

于是，他在《这儿是巴黎》杂志上刊登了一则广告，上面附载了邮购优惠单。《这儿是巴黎》是一份发行量较大的杂志，结果其中 40% 以上的邮购优惠单寄了回来，伊夫·洛列成功了。一时间，他这种独特的邮购方式使他的美容品源源不断地卖了出去。1969 年，伊夫·洛列扩建了他的工厂，并且在巴黎的奥斯曼大街上设了一个专卖店，开始大量生产和销售化妆品了。

智慧宝箱

当你赋予花朵独特的思想，不墨守成规，敢想敢做，这朵花便拥有了生命。做任何事情因循守旧、墨守成规只会导致事业的失败。青少年们只要勇于改变前人早已制定好的路线，敢为人先，探索别人所没有走过的路，一定能闯出一片属于自己的天空。

你可以改变命运

20 岁那年，韩颖从大学毕业后，被分配到中国海洋石油总公司。但是，因为喜欢挑战和变化的天性，几年后，她毅然丢掉了这个令人羡慕的岗位，离开这个工作岗位，加入到惠普公司，在财务部工作。

旁人很疑惑她的这次选择，但她很坦然："人生什么时候改变都不会晚。"

到惠普公司一上岗，韩颖就来了个大动作。那是 80 年代末，员工没有工资卡，每次发工资都由韩颖和同事手工完成。300 多人的公司，一张张核实繁多的钞票，每年每月都如此发工资，费时费力，又容易出错。

精疲力竭的韩颖下班后，路过一家银行时，心中的想法油然而生：公司的员工领到钱后，还不是把大部分钱存到银行去。既然这样，应该让银行代发工资，免去自己数千核实的繁杂步骤。次日一大早，韩颖找到银行的负责人，希望能为公司 300 多员工开户，"我将每月的工资总数直接存到银行里，员工凭存折领取工资"。经过她的再三说服，面对一笔不小的存款，银行方面最终还是同意了。

于是第二个月发工资时，韩颖在财务部外面贴了张告示，告诉大家今后工资直接拿着存折，到下面的银行领取即可。

但事情并非一帆风顺，每个拿到存折的员工似乎有些牢骚，直属领导找她谈话。一进办公室，韩颖就被领导批评了一顿，因为领导认为她为自己找轻松，自私，并且擅自张贴大字报，不经领导同意。领导声色俱厉地让她回去检讨自己。韩颖回到财务室，努力忍住才没让眼泪掉下来。

但是，事情有了转机，上层的领导肯定了韩颖的做法，并赞许地说："你改写了公司5年来手发工资的历史，这种创新精神值得嘉奖。"韩颖这一年因此被评为惠普公司年度优秀职员。

这件事，成为韩颖职场生涯的转折点。在公司的年度表彰大会上，她自信满满地说："永远不要害怕改变，改变的过程中就有契机，它会让你成熟，更了解自己的能力极限。只要你是一只绩优股，投资者总会认可你，并且长久地支持你。"

智慧宝箱

永远不要害怕改变，我们要拥有创新思维，不畏惧失败的后果，敢于表达自己的想法，这会让你更加接近成功。

要始终相信命运不是上天注定，我们可以改变自己。在人生的大海上，你就是命运之船的掌舵手，你能够通过改变来打造未来的走向，要靠坚定不移的信念和踏实的工作造就，而与你的出生无关。在这个世界上，不害怕改变的信念才最有力量，一个人，无论他从事何种职业，处于什么地位，只要他能做到努力做着改变自己事情，并且抱有坚实的信念和行动，那就没有什么力量能阻止他成功。

不要把自己的一生交由命运来做决定，因为你可以改变自己的命运，因为你是自己命运的操盘手。我们的改变，足以影响和改变你的一生。我们不能改变自己的出生，但能改变自己的命运。

第十三章

自制力让你离成功更近

有自制力才有成功

18 世纪美国著名的政治家、科学家富兰克林，曾在宾夕法尼亚的一家杂货铺里，亲眼目睹了这样一件事情。

许多女士在这家杂货铺受理顾客投诉的柜台前，排着长长的队伍，争着要向柜台后的那位年轻的服务员诉说她们的种种遭遇。在这些投诉的妇女之中，有的表象得十分愤怒且蛮不讲理，还有的甚至讲出极为难听的话。但是面对这些词儿的声音，柜台后的这位年轻的服务员的脸上却一直带着不变的微笑，并且很有礼貌的一一接待了这些愤怒而不满的妇女，她的态度优雅而镇静，丝毫没有表现出任何的憎恶。

站在她背后的是另一位年轻的女服务员，她不停地在一些纸条上写下一些字，然后把纸条交给站在前面的那位女孩。在这些字条上很简要地记下妇女们抱怨的内容，但都省略了那些尖酸而愤怒的话语。

原来，站在柜台后面，面带微笑聆听顾客抱怨这位年轻女孩是位聋子，她的助手通过纸条把所有客户不满的地方用文字的形式转告给她。

富兰克林对这种安排非常的感兴趣。于是他站在那儿观看那群排成长队的妇女很长时间，他发现，柜台后面那位年轻的女孩脸上亲切的微笑对这些愤怒的妇女产生了极为良好的影响。她们来到面带微笑的女孩面前时，个个像咆哮怒吼的野狼，但当她们离开时，却都变成了一个个温柔的绵羊。甚至在她们之中的某些人离开时，脸上还露出了非常羞怯的神情，

这恰恰因为这位年轻女孩的“自制”已经使得她们对自己的作为

感到非常的惭愧。富兰克林自从亲眼看到这一幕之后，每当面对自己所不喜欢听到的评论而感到不耐烦时，就会立刻想起柜台后面那位女服务员的自制而镇静的神态。

富兰克林常常都会这么想：每个人都应该有一副“心理耳罩”，很多时候可以用来遮住自己的双耳。他个人已经养成一种习惯，对于不愿意听到的那些无聊谈话，就会把两个耳朵“闭上”，以免在听到之后徒增憎恨与愤怒。生命是十分短暂的，有太多太多建设性的工作在等待着我们去做，因此，我们大可不必对那些说出我们不喜欢听到的话语的每个人去进行反击。

智慧宝箱

没有自制力，就永远不可能成功。从历史上看，取得成功的人都是能够接受精神和肉体的历练，所谓的磨难在他们眼中都是浮云般缥缈。他们的自制力使其能够承受困苦并全身心投入其中。他们时刻让大脑保持活跃，并且考虑思索问题的症结，并且不断地需要认真对待的所有面对的事情来提高自身的自制力。而自制力决定了人们在关键时刻的正确决策。培养自制力，不管是否喜欢，那都是使我们受益匪浅的做法。自制力对我们走向成功具有举足轻重的地位。

学会克制自己的欲望

北宋时著名的政治家、文学家和书画家苏东坡，一生坎坷，自从21岁中进士后的四十多年之中，曾多次被放逐，更甚至有一次还被抓了起来，押到汴京治罪。

虽然身处困境，但是苏东坡仍然保持着自己节俭度日的一贯作风。在饮食上，苏东坡给自己立下了一个规定，那就是每顿饭只能一个菜，如果有客人来，也只能增加到两个菜，再不能多。如果朋友请客吃饭，他也会事先告诉别人不要铺张，否则就会拒绝前往。

这一天，在一个偶然的场合，一位多年未见苏轼的老朋友，见到了他，十分高兴，于是便邀请苏轼去一同吃饭。苏轼告诉朋友，千万不可大操大办，老朋友在一起边吃边叙友情就可以了。

但是，当苏轼前去赴宴时，却发现朋友设置的酒席相当铺张奢华，苏轼毫不客气地说："看来老兄并不是真正的了解我，本人一贯主张厉行节约，你的酒席备得这等丰盛，看来根本不是用来接待我的，那么我还是离开吧。"说完就要转身告退。

老友见苏轼就要离开，急忙解释说："今天是个例外，一来你我偶然重逢实属不易，理应应该好好庆贺一番；二来苏兄正在朝中担任要职，如果我安排得太寒酸，岂不有失老兄的身份……"

苏轼接着说道："朋友相聚，就应该彼此随便。再说我在朝为官，但是这并不意味着可以铺张，相反，官位越高越应该节俭自律！"说完仍旧坚持不入席。

苏轼不但自己注意俭朴的习惯，还同样要求他的亲人也是如此。他有个正在做高官的远亲，生活得非常奢华。单是起居时的"小洗面"，就要有两个人专门侍候；若是"大洗面"，侍候的就要增到5人；"大澡浴"就要有9个人服侍，"澡浴"以后还要用名贵药膏擦身，用异香熏烤衣服。

有一次，这个远亲写信给苏轼，不厌其烦地夸耀自己的"养身之道"。

苏轼看后，回信时只是简单地写了一个"俭"字。他希望这位远亲在一个"俭"字面前能够自省，从此改掉奢华的恶习。

智慧宝箱

节俭的生活习惯，如果不从一点一滴的生活细节抓起，精打细算，厉行节约，突变就会在人们不知不觉的渐变中发生。而当你惊觉时，事物的性质恐怕早已走到了反面。男孩们要克制住自己的欲望，不要给自己更多的机会去放任自己。对自己一定要自我管制。不要给自己任何松懈的理由，那样只会离着你做人的根本原则越来越远。

控制情绪让你走向成功

美国杰出的成功学家拿破仑·希尔创造性地构建了全新的成功学的科学体系，其著作被译成 26 种文字印刷于世，他的读者更是遍及世界五大洲的 50 多个国家，理论使无数人受益。其中，被称为印度救星的圣雄甘地、控制了美国 1/4 经济命脉的银行巨子摩根、美国唯一连任四届总统的罗斯福都是拿破仑成功理论的受益者和支持者。

拿破仑·希尔经过数十年的探索研究，总结出了成功学的 17 条被人们称为“黄金定律”的准则。其中被列为第五条的是“要有高度的自制力”。在这方面，拿破仑·希尔也有着自己深刻的体会。

在创业生涯初期，拿破仑·希尔通过从一件小事中发现自己缺乏自制力、事情虽小，但却带给了他惨痛的教训，使他深刻的意识到如果一个人要想取得成功，那么必须先学会驾驭情绪这匹烈马。

有一次，拿破仑·希尔和办公大楼的管理员发生了一场误会，当时他碍于面子没有向管理员道歉。从那以后，两个人之间便开始彼此憎恨，甚至演变成激烈的敌对。后来，有时管理员知道整个办公大楼里只有拿破仑·希尔一个人在工作，就把电闸拉下来，使办公室里面一片漆黑。这种事情一连发生了几次，拿破仑很愤怒。

一天，拿破仑正在办公室里紧张地工作着，电灯又熄灭了。他立刻跳起来，奔向管理员办公室。拿破仑到了那儿，看到管理员正在悠闲地吹着口哨。当时气愤极了，觉得受不了了，就对着管理员破口大骂起来。把能想出来的恶言恶语都用上了。那位管理员一点儿也没有生气的意思。后来，拿破仑实在想不起什么骂人的话了，只好停住。这时，管理员转过身，用柔和的语调对他说："你今天是不是太激动了？"管理员的话很柔软，但拿破仑却感到像一把利剑刺进了身体。拿破仑站在那儿，不知道如何是好。

拿破仑·希尔是一个研究心理学的人，竟然对着一个没有多少文化的管理员大喊大叫，这真是一件令人感到羞辱的事情。于是他飞快地逃回了办公室。坐在办公室，什么也干不下去了，管理员的微笑老是缠绕着他。拿破仑认识到了自己的错误。以前发生矛盾的时候，因为没有勇气道歉而使矛盾越来越深，今天，本来是一个很好的道歉的机会，可自己却失去了自制力，从而使自己陷入了如此尴尬的境地。

认真想过之后拿破仑决定向管理员道歉。管理员见他又去了，仍然用温和的语调说："这一次你又想干什么？"言语中充满了挑战的味道。当拿破仑告诉他自己是来道歉的时候。管理员说："你不用向我道歉。你今天所说的每一句话，只有天知地知，你知我知，我是绝不会把它说出去的，我相信你也不会把它说出去的，我们就这样了结了吧！"当时拿破仑就被管理员的话震住了。他的高度的自制力使自己再一次被打败，于是拿破仑走上前去，紧紧地握住了他的手，真诚地向他表示歉意。

智慧宝箱

一个人如果缺乏自制力，就有可能变得疯狂。这样，不仅不能结交朋友，反而非常容易就能被对手被打败。拿破仑·希尔用自己的亲身经历，向我们讲述了自制力对于一个人取得成功的重要性。男孩们，你们要知道一个人是否能够有所成就，机会和能力是最为主要的，但是，学会控制情绪也是一个不可缺少的重要条件。

自制让你积蓄成功的力量

当刘备投奔曹操之后，便在自己的住所后面开辟了一块菜地，每天以种菜度日，完全放下了身段，甚至都可以说是夹着尾巴在做人。让外人觉得自己只不过是凡夫俗子，也好阻止曹操算计自己的目的。但是关羽、张飞二人完全不知刘备的心思。每每劝说刘备应该放弃手中琐事，要以天下大事为己任的时候，刘备都会不以为然，继续每日种菜。

有一天，恰逢关羽和张飞都不在的时候，曹操派人请刘备过去，刘备实在没有理由推辞，只好随同来人入府拜见曹操。见面后曹操绵里藏针地问道："种菜这门学问可真是不容易呀。"刘备回复倒："只不过是没事情消遣消遣罢了。"刘备应邀来到小亭，只见曹操早已把一切诸物齐备，盘置青梅，一樽煮酒，于是二人对坐，开怀畅饮。

两人喝酒喝到半醉之时，只见天空突然乌云密布，眼看骤雨降至，这是随从发现天边挂着长龙，于是指给曹操、刘备二人，曹操便借题发挥问道刘备："您可知龙德变化？"刘备应："不是十分清楚。"曹操接着说道："龙能大能小，大则兴云吐雾，小则隐身藏形；能升能隐，升则飞腾于宇宙之间，隐则潜伏于波涛之内。现正是深春时节，龙能够顺应时节而变化，就如同人得志纵横四海一样。龙作为动物，可用世上的英雄来做比方。您长期游历四方，必定知道当世英雄。就请您试着说说吧。"刘备说："我乃肉眼凡胎，哪里能认得什么英雄呢？"曹操说："您不必太谦虚。"刘备仍然装糊涂："我得到您的庇护，才有幸做了朝廷官员。天下英雄，真的不知道啊。”曹操说：“那么，如果您不知道他们的长相，但至少也应该听到他们的名字吧。”

刘备意识到再装糊涂是没有办法了，于是举出淮南袁术，河北袁绍、刘表，江东孙策，益州刘璋、张绣、张鲁、韩遂等人，但这些都一一被曹操否定。刘备实在想不起任何人了只好说便说自己是在不知还有哪些。

曹操解释道：“所谓英雄指的是那些指胸怀大志，腹有良谋，有包藏宇宙之机、吞吐天地之志的人啊！”

刘备说：“那么，究竟有谁能称得上是这样的英雄呢？”

曹操用手指了指刘备，又指指自己，说：“天下英雄，如今只有您与我！”曹操这句看似不经意的话，其实不仅是一种试探，更包藏着杀机，且不说刘备正在曹操的府上，即使在外边，如果曹操的推测被得到证实，刘备也是难逃一死的。

刘备听后大吃一惊，自己“放下身段”的招法是不是真的没有能够瞒过奸雄曹操，他是不是真的识破了自己的真面目了？这个时候无论是默认或辩解，都将无济于事，慌乱之中，刘备手中的汤匙和筷子掉到地上。

恰在此时，大雨将至，雷声隆隆，刘备随即从容冷静、不动声色地俯下身子，捡起了汤匙和筷子，不紧不慢地说：“没想到雷声一震竟有如此大的威力，我的匙筷都掉了。”曹操笑着说：“堂堂男子汉大丈夫难道也害怕雷不成？”刘备说：“圣人见到迅雷风烈还变色呢，更何况是我呢？”这一句话就把自己因听到曹操的话而吃惊落匙的原因合乎情理的掩饰了过去。曹操果然相信了刘备的话，认为他连听到雷声都会害怕，可见不是真正的英雄了，便不再怀疑刘备了。

刘备克制自己的言行，放下身段，免除了曹操的猜忌，保住了身家性命。不久，刘备便逃走了，最后，建立了一番大功业。

智慧宝箱

成大事者善自制。历史往往是最具有说服力的。能克制自己言行放下身段的人才是聪明人，这样的人能够通过忍耐以及等待来获得机会，这自然也是他们能够成就一番事业的重要素质之一。同样，男孩们要记得，无论是做大事还是做小事，如果当下的情况对自己不利，不要急于的表露自己，应该学会克制自己，积蓄成功的力量，并努力去寻找一切有利于自己成功的机会。

用理智代替情感

这是个在印度一直被广为流传的故事：一次，一对英国殖民地官员夫妇在家中举办丰盛的宴会。宴会地点设在他们宽敞的餐厅里，那儿房顶有不加任何修饰的椽子，地上铺着明亮的大理石地板，出口处是一扇通向走廊的玻璃门。客人中有当地的陆军军官、政府官员以及他们的夫人，另外还有以为来自美国的自然学家。

一位年轻女士同一位上校在午餐时，进行了一场激烈的辩论。这位女士的观点是如今的妇女已经有所进步，她们不再像以前那样，一见到老鼠就失控的从椅子上跳起来。可上校却认为妇女们并没有什么改变，他说：“碰到任何危险，妇女们总是惊慌失措的一阵尖叫。而男士们碰到相同情形时，虽也有类似的感觉，但他们却多了一点勇气，她们能够适时地控制自己，冷静对待。由此可见，男士的这点勇气是很重要的。”

那位来自美国的自然学家并没有加入这次辩论，他默默地坐在一旁，仔细观察着在座的每一位。这时，他发现女主人露出奇怪的表情，两眼直视前方，露出十分紧张的神情。很快，她招手叫来身后的一位男仆，对他耳语一番。仆人的双眼很快露出惊恐之色，随即仆人离开了房间。

没有客人发现这一细节，除了这位美国学者。当然除了学者也就没有其他人看到那位仆人把一碗牛奶放在门外的走廊上。

美国学者突然一惊。他想起在印度，地上放一碗牛奶只代表一个意思，那就是引诱一条蛇。也就是说，这间房子里肯定有一条毒蛇。学者首先抬头看屋顶，那里是毒蛇经常出没的地方，可现在那儿光秃秃的，什么也没有；接下来他又朝着餐厅的四个角看过去，前三个角落都空空如也，第四个角落则站满了仆人，正忙着上菜；现在只剩下最后一个地方有可能，那就是客人的餐桌下面。

这位自然学家的第一反应便是要向后跳出去，同时警告其他人。但转念一想，这样的举动肯定就会惊动桌下的毒蛇，而受惊的毒蛇是很容易咬人的。于是他一动也不动，迅速地向大家说了用十分严肃的口吻说了一段话，以至于大家都安静了下来。“我想试一试在座诸位的控制力究竟有多大，接下来我将从 1 数到 300，这会花去 5 分钟，这段时间里，谁都不能动一下，否则就罚 50 个卢比。预备，开始！”

美国学者不急不缓地数着，餐桌上的 20 个人，全都像雕像一样一动也不动。当他数到 288 时，他终于看见一条眼镜蛇向门外的牛奶爬去。这个时候他飞快地跑过去，把通向走廊的门一下子关上。蛇被关在了外面，室内随即发出一片尖叫。“上校，事实证实了你刚才的观点。”男主人这时感叹道，“正是一个男人，刚才给我们作出了从容镇定的榜样。”“且慢！”美国学者说，然后转身朝向女主人：“温兹女士，你是如何发现屋里有条蛇的呢？”女主人脸上露出一抹浅浅的微笑：“因为它刚刚是从我的脚背上爬了过去的。”

智慧宝箱

自制离不开沉着与冷静，这个故事中的女主人的自制力真的令人钦佩，也值得每一个男孩们学习。在我们平时无论工作、生活中，都要尽力保持理性，用理智代替情感，做到客观地分析情况，这样才会有助于找到问题的答案与真相，否则在冲动的情绪下，只会丧失敏锐的判断力，最终作出令自己抱憾的决定。

控制自己的冲动

古代有个叫尤翁的人，他开了个典当铺。有一个年底，他忽然听到门外有一片喧闹声。

他出门一看，原来门外有位穷邻居。站柜台的伙计就对尤翁说："他将衣服压了钱，空手来取，不给他，他就破口大骂，有这样不讲理的人吗？"

门外那个穷邻居仍然是气势汹汹，不仅不肯离开，反而坐在当铺门口。尤翁见此情景，从容地对那个穷邻居说："我明白你的意图，不过是为了过这个年关。这种小事，值得一争吗？"于是，他命店员找出邻居的典当之物，共有衣服蚊帐四五件。

尤翁指着棉袄说："这件衣服抗寒不能少。"又指着长袍说："这件给你拜年用。其他的东西不急用，就留在这里吧。"那位穷邻居拿到两件衣服，不好意思闹下去，于是只好离开了。当天夜里，这个穷汉竟然死在别人的家里。

原来，此人同别人打了一年多的官司，因为负债过多，不想活了，于是就先服了毒药。他知道尤翁家富有，想敲诈一笔，结果尤翁没上当，他于是就转移到了另外一家。

事后有人问尤翁，为什么能够事先知情而容忍他。尤翁回答说："凡无理挑衅的人，一定有所倚仗。如果在小事上不忍耐，那么灾祸立刻就会到来了。"

人们听了这话都很佩服尤翁。

智慧宝箱

对于青少年来说，控制自己的冲动是件非常不容易的事情，因为我们每个人的心中都存在着理智与感情的斗争。冲动会使人丧失理智。所以情绪冲动时，不要有所行动，否则你会将事情搞得一团糟。当谨慎之人察觉到情绪冲动时，会立刻控制并使其消退，用冷静代替冲动。避免因热血沸腾而鲁莽行事。

约束自己的情感

20年前，在斯拉夫一个榆树成荫的礼堂里住着一位脾气十分古怪的老绅士，老人大约60多岁，很富有，他的慷慨和仁慈没人赶得上，但是却有一些奇怪的生活习惯。毕竟年岁已大，所以他想请个人来照料自己的生活起居，也帮助自己做一点事情。因为老人很喜欢年轻人，所以想请一个小孩来照料自己，但是老人又十分讨厌多数年轻人的好奇心。他常常这样说："偷看抽屉的孩子是试图从里边拿出一些东西，在年轻时偷过一分钱的人，终有一天会偷一元钱的。"

年轻人听到这个消息后，都想要来应征这个差事。没多久老绅士就收到了20多封信。老绅士决定在这20个人里找到一位没有好奇心、不爱管闲事的人。

这是一个周一的早上，在老绅士家的大厅里来了7个穿着盛装，打扮得很干净的小伙子，每个人都默默的下定决心一定要得到这份工作。老绅士的脾气古怪，他事先准备好一间房子，这样，他便能够很容易地发现哪些人是爱管闲事的，哪些人喜欢往抽屉或壁橱里偷窥。老人做好了一切准备，安排好大厅里的这些年轻人依次进入房间。

亨利·威尔金斯第一个被叫进房间，老绅士请他在里边先等一会儿。

自己一会儿就会回来。亨利在门边的一把椅子上坐下。刚开始的时候，他很安静，坐在椅子上朝周围看。当他发现屋里有许多珍奇的东西后，终于他还是因为好奇站了起来偷偷地观察。

桌子上放着一个罩子，他很想知道罩子下面是什么，但他不敢掀开罩子。但是要知道坏习惯对人是有着很大的影响的，查尔斯又是那种十分好奇的人，他最终还是没有忍住，他还是选择掀开罩子想看个明白。

结果很使人扫兴，罩子下边只是一堆轻飘飘的羽毛。在亨利掀开罩子的瞬间，羽毛被流动的空气卷起来，在屋子里飞来飞去。他十分害怕，连忙把罩子放下，但桌上剩下的那些羽毛又被吹到地上了。

怎么办？他一根一根地捡着羽毛。老绅士其实一直就在隔壁，当他他听到发出的声音，就知道发生了什么事情，老人走了进来，正好碰见查尔斯·布朗慌成一团的样子。老绅士见到这样的场景，认为查尔斯连最小的诱惑都无法抵制，便很快就把他打发走了。

老绅士又重新弄好房间，叫来查尔斯·布朗。老绅士和上次一样交代了几句便离开了房间，老人刚离开房间，查尔斯就被一盘诱人的樱桃吸引住了。他特别的爱吃樱桃，他想，这么多的樱桃，即使吃掉一个老绅士也一定不会发现，他想了又想，看了又看，正准备从椅子上站起来拿樱桃时，仿佛听到门口有老人脚步声，还好是他听错了。

于是他又鼓起勇气，小心谨慎地站起来，拿了一个很好的樱桃放进嘴里。真的是美味极了！他想，再来一个也应该没什么的，于是就又拿了一个匆匆塞进嘴里。在这堆樱桃里，老绅士有意放了几个假樱桃，假樱桃里边全都是辣椒做成的。很不幸的是，查尔斯碰巧就拿到了一个假的，他嘴里立即像着了火一样刺痛起来。老绅士听到咳嗽声，便明白是怎么回事了。这个孩子既然会拿樱桃，肯定还会拿别的东西。老绅士同样很不喜欢他，于是查尔斯也被打发走了。

紧接着乔治·琼斯被叫进来了，和前两次一样，他也同样被老人独自留在房里。他刚待了不到10分钟便开始东摸西碰。他的脾气非常的倔强鲁莽，特别不受规矩的约束，要是他能打开这里所有的壁橱、抽屉和储藏室而不被发觉的话，他一定是会这么做的。

乔治向周围看了看，发现桌上有个抽屉，决心看看里边有什么。他才刚把手放在抽屉的拉手上，一阵清脆的铃声便响起来了。原来，老绅士在桌子下面藏有一个电铃。老绅士听到铃声赶忙走了进来。

乔治被这突如其来的铃声吓了一大跳。虽然他的脸皮厚，但这时也觉得非常羞愧。老绅士问他拉铃是不是想要什么东西。他结结巴巴地想要道歉，但这丝毫不能弥补什么，他被老绅士从候选名单上果断的删除了。

之后，一名老管家把鲁弗斯·威尔森领到房里。他性格谨慎，只是向周围看着。什么也没碰。后来，他发现有一扇壁橱的门虚掩着，他想，如果把它打开一点，绝不会有人发觉。于是，他看看门的下面，以免碰到东西发出声响，然后小心地把门打开了一英寸。要是他看的是上面而不看下面就好了，因为门上边系了一个小塞子，塞子堵住一个小桶，桶里则装满了小铅球。鲁弗斯斗胆又把门打开了一英寸，看没有事情发生，就紧接着又是一英寸，最后，塞子被拉了出来，蹦出了许多小铅球。壁橱的底部有个锡盘，小铅球滚到锡盘上发出了很大的声音，鲁弗斯魂都吓掉了。

老绅士听到声音很快就来了，他把脸吓得像纸一样白的鲁弗斯打发走了。

最后是一个叫做哈里·戈登的男孩。他一个人在屋里待了20多分钟，在椅子上一动不动。他的眼睛没有任何问题，他的正直心灵，让使得罩子、樱桃、抽屉、把手、盒子、壁橱门和钥匙这些诱惑都没能使他离开座位。半小时后，老绅士决定留他在榆树大厅服务。哈里一直服侍老绅士直到他去世。由于他的正直，老绅士将一大笔遗产分给了他。

哈里·戈登之所以能够被老绅士留下来，最为关键的一点应该是戈登较前几位有着更强的自制能力。一个人在集中精力完成某项特殊任务时，在自制力的作用下，便能够排除干扰，抑制那些不必要的活动。

智慧宝箱

一个人如果想在事业上的取得成功，就需要具备坚强的自制力这样的品质。男孩们你们一定要知道，自制力强的人，能够去理智地对待周围发生的事件，做到有意识地去控制自己的思想感情，约束自己的行为，从而抓住稍纵即逝的机遇，从而取得人生的成功。

第十四章

男子汉要学会取舍

听从灵魂的召唤

多年前，诺埃尔一直担任着艾伦·科恩办公室助手一职。不过，科恩知道，她的理想并不在此。诺埃尔经常流露出想到国外的一所教师培训院校接受高级培训的想法，但她并不确切知道，对她而言，从事教师职业是不是正确的选择。如果选择去进修的话。她不仅要放弃待遇丰厚的助手职位，还要远离家人和朋友，将来能否获得教师任职资格，也还是一个未知数。对于诺埃尔来说，这真是一个艰难的抉择。

一天早上，诺埃尔来到办公室，郑重对科恩说道："我已经决定辞去助手工作。"她的表情坚定，看得出来是真的下定了决心。科恩知道已经无法再挽留她。但他一直困惑是什么让诺埃尔下了这么大的决心。于是他问道："究竟是什么让你下了这么大的决心？"

去还是留？我一直都在反复思考着这个问题。长期以来，我一直无法放下做您助理这个职务。直到昨天晚上，我反复问自己："你可以不这样做吗？这样的一反问，使我清晰地认识到，我不能不去！你也知道，这个愿望已经伴随我很多年，而且时不时地它都会突然在我脑子中蹦出来。随着时间的流逝，它不仅没有丝毫削弱，反而变得越来越强烈。我记得一位哲人曾经说过：在你生命的最后，你才会发现，令你后悔的，不是你做了什么，而是你没做什么。所以，我决定放弃这个职务，如果一直放不下的话我将会离自己的理想越来越远。所以我鼓足勇气来提出辞呈。"

诺埃尔最终获得了教师资格证书。在那里，她还邂逅了一位男士，并与之相爱，结为伴侣，组成了一个幸福的家庭。她在给科恩的信中说，她非常庆幸当初的决定，这个决定不仅圆了她的教师梦，而且给她带来了许多预料之外的收获。

在此后不久，艾伦·科恩撰写的人生中第一本励志类书籍《龙不再住这里》问世了。正在他不知道该如何向外界推销这本书时，他收到了一个朋友寄来的信，这个朋友推荐给他一个图书发行公司，并附有一份他们发行的图书目录单。但是科恩恩人对自我促销形式并不适应，况且此时的他是一个没有任何名望的咨询师，对于这一推销方式毫无自信。因而在他浏览了几遍目录单之后，准备将它扔到废纸篓里。

可就在这时，他突然想起了诺埃尔的话："你可以不这样做吗？"为了写这本书科恩我花费了大量的精力和时间，难道就是为了让它永久地束之高阁吗？他硬着头皮来到了那家发行公司，将他的书放在了公司主管的手中。主管热情地接待了科恩，几天后，他的书已经赫然出现在这家发行公司的发行目录上。之后的事情很多人都已经知道了：这么多年来，《龙不再住这里》一直处在畅销书排行榜中，并被称为"近年来最具有影响力的十本书之一"。

今天的科恩已经成为了著名的心灵导师。当他一次次接受邀请，到处发表演说，会见一个个杰出人物，出版了一本又一本畅销新书，职业生涯不断迈上新的台阶时，他不能不承认，他生活中的巨大变化，和那一句反问"你可以不这样做吗？"以及反问后做出的决定有着重要的关系。

智慧宝箱

拿得起，放不下是一种负重。人的一生中总会面对许多机会和挑战，取舍和选择的主动权在你手中。跟随自己的心，慎重地进行取舍，让人生的价值实现最大化。

放弃是一种大智慧

玛西·卡塞尔是美国电视史上最成功的节目制作人之一。她从1980年开始自行制作节目，次年，汤姆·温勒加入，他们合作无间，创造出《天才老爷》的高收视率，这是美国播出最久的电视连续剧，其他如《焰火下的魅力》《来自太阳系的三次元》等，也好评如潮，多次获得大奖。她这样叙述她的成功之路：

“在纽约，我找到一份工作，是在ABC国家广播公司做参观讲解员。这栋大楼是野心家的温床，许多人不择手段地想要得到往上爬的机会。很幸运，我几个月后就升任《今夜》节目制作助理，然而，我不太喜欢这份工作，大多是做一些办公室的杂务，回影迷的来信之类。

“我开始转变事业方向，到一家广告代理公司的电视部门工作。我知道自己对广告工作是毫无兴趣的，然而，这却是一种很不错的锻炼机会。我们这组一共有三个人，平日的工作说起来有点像间谍，每天要观察哪个频道的哪个节目的收视率最好，然后仔细分析节目的分镜时段、制作素质，向客户提交一份完整的报告，最后建议最佳广告时段，而我提出的建议大都能得到客户的肯定。但是，我始终知道，我的兴趣是制作电视节目。

“在好莱坞，我认识了正要开设制作公司的罗吉，他有堆积如山的剧本，需要有人帮忙审核。我决定争取这份工作，答应先免费帮助他看那些剧本，直到他愿意聘请我为止。我成功了。我在这家公司干了好几年，然而我喜欢的事业还是没有半点踪影。直到有一天，我听说 ABC 美国国家广播公司想要找一些有才气、有创意的人一起组成庞大的制作群，共同经营频道，我立即前往应聘。我坦白地告诉面试主考官伊塞，我已经有三个月的身孕，如果他觉得应该延长对我的考察，直到小孩出生以后的话，我没有意见。没想到他却说：‘我太太和我也有一个婴儿，可是我回到岗位继续工作，你呢，是不是也要和我一样？’最后，他聘用了我。

“我真的欣喜若狂，因为终于可以接触到电视工作的核心。当然，对我来说，这也是一个‘如临深渊、如履薄冰’的地方，我虽然有一点小聪明，但是却没有能力处理办公室里的人事斗争，在这里，每个人不是迅速升职，就是被迅速开除。我没有被开除，我在 ABC 工作七年，离职前，我的头衔是‘黄金时段节目制作资深副总经理’。

“我们不断制作十分有趣、充满活力和不同风格的节目，但多年后，那种充满创意的环境在慢慢消失，我觉得是离开 ABC 的时候了，我要自己创办一家电视制作公司。

“我们决定不受外界干扰，在没有制作出一个令自己觉得品质不错的节目，绝不轻易推出上档。我们一共花了三年时间，才推出一个成功的喜剧系列节目——《天才老爷》，一播就播了八年。在 1988 年~1999 年期间，我们还创下了其他制作公司望尘莫及的成绩，同时拥有三个成功的电视节目——《天才老爷》《罗丝安娜》和《不同的世界》。

“这条成功之路比较长，其特点就是不断换工作，包括放弃一些令人羡慕的职务，如‘ABC 黄金时段节目制作资深副总经理’，最后自己创业。这是一条风险很大的路，但有能力的人，不妨试一试。”

智慧宝箱

“锲而不舍，金石可镂”，这是一句著名的格言，也是大家推崇的成长之道。但是从玛西·卡塞尔的成功经历告诉我们，放弃既是一种理性的表现，也是一种豁达的大智慧。“条条大路通罗马”，此路不通，请走彼路。虽然我们不能犹豫不前，但也不能太固执，不知变通。有时放弃会让自己更接近成功，如果确实感到行不通，就尝试另一条路吧！

放弃也会收获

他从小天资聪颖，在数学方面尤为突出。中学时，曾一举夺得全国数学竞赛一等奖、美国中学生数学竞赛海外区冠军。因此，在大学里学习数学专业，对于数学学科的佼佼者的他来说似乎是顺理成章的事情。中学毕业后，他考入了哥伦比亚大学的数学系。然而在进入哥伦比亚大学学习不到一年后，他就选择了放弃数学，甚至放弃了学业。

放弃的理由很简单。有一天，他看到一个美国学生在图书馆从两点一直坐到七点，其间几乎没有动过，他于是发现了一个问题：我能像这样坐得住吗？我的青春都要为了学术而这样枯燥的坐着吗？答案是：不能。于是，他开始重新思考自己的人生。决定放弃数学，给人生一个新的选择道路。

结合先前所学，加之纽约浓厚的金融氛围的影响。他很快将自己的目标锁定在华尔街。1992 年，他从耶鲁大学 MBA 毕业后，顺利进入花旗。两年后，又得到了美国一家著名公司中国资本市场主管的职位。

然而，正当他在投资银行界做得风生水起时，他却再一次做出了一个让人们意想不到的决定：放弃大好前途，回上海创业。

这次决定，缘于他内心的一股激情，当时，互联网正如火如荼，相关产业也正飞速诞生。身处“洪流”中的他坚定地认为，如果不能参与其中，简直是愧对此生。

在创业激情的鼓舞下，他找到了昔日的伙伴，以及上海交大的一位校友。并与他们一拍即合。经过一番密谋，自知没有能力与新浪、网易等抗衡的他们。选择另辟蹊径，试水旅游业。并将另一名精通旅游的校友“拉下了水”。

1999年10月，集电子商务与旅游资讯为一体的携程旅行网诞生了。人们足不出户，就可以完成网上订房、订票业务。2003年12月，携程成功登陆美国纳斯达克，成为中国互联网公司第二轮上市的领军企业。其后，他们又一鼓作气，创办了如家，一种经济型连锁酒店。

然而，在如家上市后不久，他再次选择辞去携程的职务，干起了风险投资。

放弃多年的积累，选择一个更适合自己的领域。时他来说，已经不是第一次了。而对这次抉择的原因，他这样说：当一个企业对你的依赖性越来越小的时候，就是你该离开的时候了。

2005年9月，他创办了红杉资本中国基金。短短三年多时间，他已相继投资了数十个企业。

他就是被人称之为“携程网之父”的沈南鹏。在每一个风口浪尖，他都把握住了机会。而他的大多数机会，都是因放弃而得采。放弃是为了前方路上更美妙的邂逅，而沈南鹏无疑已经邂逅着一个又一个属于他的美好。

智慧宝箱

沈南鹏在人生道路不断的调整着自己的目标，他不停的放弃又不停的收获，取得了巨大的成就，也让自己的人生活的丰富多彩。人生就是选择，而放弃正是一门选择的艺术，是人生的必修课。没有果敢的放弃，就没有辉煌的选择。与其苦苦挣扎，拼得头破血流，不如潇洒地挥手，勇敢地选择放弃。正如歌德所说：“生命的全部奥秘就在于为了生存而放弃生存。”

快乐比功名更重要

住在小王隔壁的是一对五十多岁的夫妻，在小王的印象中，他们很恩爱，而且活得很洒脱，这对夫妻似乎并不把金钱和事业看得很重。他们每过一两个月会去小旅游一次，而每半年就会去桂林云南之类的地方长假游，俩人总是大包小包地出去，然后再大包小包满面尘土地回来。生活的惬意而自由。

这样的生活是很多人所梦寐以求的，也一度令小王很羡慕。有一天，小王在门口碰到女人，那个女人看着小王说："我在丽江带了很多扎染的衣服，很好看的，又很便宜，你的身材很合适穿，你如果喜欢的话送给你。"

说完她就折了回去，拿了件色彩很明艳的扎染衬衣来，十分漂亮。小王套了一下，也刚好很合身。小王赶忙道谢，随后就跟她就聊了起来，小王问女人，你们这么喜欢旅游，不累么？她笑着说，累当然是累的，但是每当回来后，看到那些美丽的照片，回想在旅途中发生的事，不管大的，还是小的，我们都会努力去克服，并以安全为重，在旅途中互相关照，有一种相依为命的感觉。所以，每当我们之间产生一点小疙瘩，还有争议，当我们在一个陌生的环境中，就会不由自主地忽略这些不愉快了。

"那么，你们好像都会有足够的旅游时间，这点令我一直很疑惑，因为，我并不清楚他们之前的职业。"

她笑了，"你知道，他以前是做什么的？"小王摇了摇头。

“他是一个公司的总经理，工作压力很大，每天都拼命地忙碌着，晚上都要很迟才回来，有时候，连个电话也来不及打往家里打，我们的感情一度出现了危机，那时我真的很悲观，心情也非常糟糕，他把事业看得比什么都重，根本没把老婆与家庭放在心上。后来他得了重病，在住院的那段日子我没日没夜地陪着他，侍候着他，因为，我毕竟是爱他的，虽然心里对他有一百个不满。当他出院的第一天，你猜他对我说了什么话？”

“说了什么？”

“他说，还有什么比生命与亲情更重要的。事业固然重要，但不是首位。于是他把公司转让给了别人，操起了旧业，做了一个普普通通的人民教师，一到双休日与寒暑假就策划着去哪里旅游。虽然日子过得比以前清苦多了，但是，我们却快乐多了。”

我说，你不后悔比以前穷了吗？她笑着摇了摇头：“不后悔。有时候放弃一些看似值钱的东西反而会获得更大的幸福。放弃也是一种睿智。”

此后，每当小王看到那件扎染的漂亮衣服，每当她觉得自己在失去很多时，就会想起隔壁那对快乐的夫妇。

在生活面前，我们对物质总有着无止境的需求，但是，我们未必在心灵上有着相应的满足，重要的是，什么才是我们最需要的，其他的达到条件就足够了。

智慧宝箱

这对看似生活潇洒的夫妻曾经也经历过为了追逐名利而不快乐的生活。经过一场大病以后，他们懂得了生活的快乐比功成名就更为重要。小溪放弃平坦，是为了回归大海的豪迈；黄叶放弃树干，是为了期待春天的葱茏。蜡烛放弃完美的躯体，才能拥有一世光明；心情放弃凡俗的喧嚣，才能拥有一片宁静。放弃财富，放弃这些值钱的负累是为了更好的生活。

在拐角处抓住机遇

她从小就很努力，可命运总是跟她开玩笑。为了能读书，她6岁起就开始帮父母干活。到了卖柑橘的季节，她常常凌晨两三点钟就得起床，走十多里的山路，帮母亲把柑橘背到街上，然后再赶到学校上课。即使这样，她初中时还是被迫辍学了，因为家里还是供不起她念书。母亲说，我的这个娃儿几乎是饿大的，不是喂大的，命苦。

为了改变命运，她做过建筑工人，摆过地摊，卖过小火锅，承包荒山种苦竹，养鸡、养猪……她尝试过几十个项目，不停的放弃，不停的开始，却始终过得不富裕。

直到有一天，一个偶然的机会，她吃到了一种口感特别的蔬菜，那是在她家乡极为常见的一种蔬菜，叫大头菜，是芥菜的一种。不过她吃到的是一个邻居用祖传的手艺腌制的，味道非常独特，兼具麻辣咸香脆的特点，但又不像传统的腌制大头菜那么咸，甚至可以当零食吃。她想，如果能把它开发成产品，一定会有很多人像自己一样喜欢吃。

她决定放弃目前的工作，决定开发大头菜。她向那位朋友提出了合作开发大头菜的想法，没想到对方一点商量的余地都不给，一口就回绝了。原来朋友家的手艺是祖传的，那家人的祖上有规矩，腌制大头菜的独门绝技都是直线单传的，即使没有孩子也不允许外传。

这样的拒绝，并没有让她灰心丧气，她频繁地去朋友家，她放弃了提合作的事情，只是帮忙做些家务，闲扯聊天。时间长了，她与陈家人越来越亲近，终于有一天，那家人被她的诚意所打动，同意合作办一个大头菜加工厂。

她立刻用东拼西凑的4万元购进了7吨大头菜，就在她的家里开始了把大头菜做成产品的实验。

传统制作腌菜的方法，是将大头菜一个一个串起来，挂在院子里自然风干。成吨的大头菜都挂起来，显然太耗费人力了，为了省工省力，他们决定改进工艺，全部平摊着晾晒。七八天后，当她兴致勃勃地拿起大头菜查看时，瞬间心里就凉了半截。原来，大头菜朝下的一面，因为不能跟空气接触，已经腐烂变质了。

7吨的大头菜，没等腌制就全部被扔掉了。不过原因是明摆着的，她没有气馁，而是四处筹款，再次购进了5吨大头菜，并研究调整晾晒方法。这次他们专门制作了一个铁炉，希望在大头菜霉变之前就进行烘干。然而，梦想很丰满，现实却很骨感，实验还是失败了，大头菜一吨接着一吨地被倒掉，借来的钱也跟着全部打了水漂。

血本无归是一种什么样的感觉呢？心痛吧，难受得不行，朋友想打退堂鼓了。她也心疼，但她没路可退，虽然没有足够的资本，但她有足够的外债。

实验再次启动，她放弃了之前了晾晒方法，只是回归了最原始的办法——人工串挂晾晒。为了节省人工，她成了主要劳力，为了最后的希望，她几乎拼尽全力。有时干到凌晨，大家都受不了，倒下睡了，她非要把手头的菜串完，指头都串破了，她也没哼一声。

串完的大头菜需要挂在架子上，经过20天的晾晒才可以做腌菜。最原始的方法竟成了唯一的方法，晾好的大头菜，终于做成了产品。当那麻辣鲜香的味道浸满她的口中时，她禁不住热泪盈眶。

实验成功，她再次举债，一下子就买回了10吨大头菜。看着那一串串大头菜挂满了架子，就好像一道迷人的风景线。她吃苦的精神和灵活转弯的头脑赢得了合作伙伴的信任，在历尽艰辛之后，2008年初，承载着财富梦想的大头菜产品终于问世了。短短几年间，公司的销售收入就达到了2500万元。

智慧宝箱

对那些正在创业的旅途中苦苦思索成功秘诀的人来说，故事里主人公的经历或许能给出一份令人欣慰的答案。机会对每一个人都是一样的，失败并不可怕，可怕的是一条路跑到黑，倒下去，就不想起来。如果无法一路直径，就适时转弯，在转角处抓住机遇并坚持下去。

杨振宁的取舍

杨振宁青年时期喜爱物理，而且一直想成为一个实验物理学家。1943年杨振宁赴美国留学时，就立志要写一篇实验物理论文。1946年，杨振宁进入芝加哥大学费米主持的研究生班，希望能在费米的指导下写篇实验论文。当时，费米正忙于在阿贡国家实验室从事军事技术研究。像杨振宁这样初到美国的中国人是不能随便进入阿贡实验室的，于是费米建议杨振宁先跟泰勒做些理论研究，实验则可以到艾里逊的实验室去做。

艾里逊是芝加哥大学物理系的一名教授，当时正准备建造一台40万电子伏特的加速器，这在当时是最先进的。在费米的推荐下，杨振宁成为艾里逊的6名研究生之一。然而，在实验室工作的近20个月中，杨振宁的物理实验进行得非常不顺利，做实验时常常发生爆炸，以至于当时实验室里流传着这样一句笑话：哪里有爆炸，哪里就有杨振宁。此时，杨振宁不得不痛苦地承认，自己的动手能力比别人差！或者自己根本不适合搞实验物理。

一天，一直在关注着杨振宁、被誉为美国氢弹之父的泰勒博士关切地问杨振宁："你做的实验是不是不大成功？"

“是的。”面对令人尊敬的前辈，杨振宁老老实实地回答到。

“我认为你不必坚持一定要写一篇实验论文，你已经写了一篇理论论文，我建议你把充实一下作为博士论文，我可以做你的导师。”泰勒直率地对杨振宁说。

杨振宁听了泰勒的话，心情十分复杂。一方面，他从心底深处感到自己做实验确实力不从心；另一方面，他又不甘服输，非常希望通过写一篇实验论文来弥补自己实验能力的不足。他十分感谢泰勒的关怀，但要他下决心打消自己的念头实实在在不是一件容易的事。

“我想考虑一下，两天后再告诉您。”杨振宁恳切地说。

杨振宁认真思考了两天。他想起在厦门上小学时的一件事：有一次上手工课，杨振宁兴致勃勃地捏制了一只鸡，拿回家给爸爸妈妈看，爸妈看了笑着说：“很好，很好。是一段藕吧？”那件事情令他挫败感很大。他不断的反思自己的能力，往事一件接一件地在他的脑海浮现，他不得不承认，自己的动手能力实在不强。也许放弃实验物理，去做理论研究，会更适合他的发展。

最终，杨振宁接受了泰勒的建议，放弃写实验论文。从此，他毅然把主攻方向转至理论物理研究，最终于 1957 年 10 月与李政道联手摘取了该年的诺贝尔物理学奖。

放弃有时候是十分困难的，甚至是十分痛苦的。适时地放弃，不仅需要勇气和胆识，更需要远见和智慧。人生之树，只有舍弃空想与浮华，才能撷取丰硕甜美的果实。

智慧宝箱

杨振宁经过深思熟虑和内心的痛苦挣扎以后，终于放弃实验物理而转为理论方向的研究并最终在这一领域有所建树。放弃是一件艰难而痛苦的事情，但放弃也意味着接着另外一种新的选择。理智的决定取舍，选择最适合你的发展方向，并且在属于自己的道路上坚持和努力下去，是值得我们每一个年轻人好好学习与探究的。

让昙花一现

1998年，29岁的王海荣是青海油田的一名普通职工，生活稳定而平淡。不甘平庸的他找了几个同学和朋友，从青海油田辞职创业。在新加坡创立了自己的第一家公司，为石油公司提供产品和技术性的服务，例如，提供阀门、铺设管道等。借助国际原油价格不断上涨，石油、天然气作为主要能源，越来越受到国家重视，投入也逐年增大的这股东风，他的事业迅速发展，仅仅两年时间，公司净资产达到500万元。王海荣从一名普通小职员一跃成为一个身价百万的老板。

但好景不长，命运突然给了他一巴掌。一次，他发现代理的一种涂料产品很赚钱，于是，建了个自己的加工厂，想赚更多的钱。第一年，工厂销售额就达到了1000多万元。可到了第二年，因为不懂得销售额和净利润之间的区别，欠款客户巨多，导致工厂倒闭，损失了几千万元。

刚刚积攒了些资本的他再次变得一无所有，两手空空，一切只能从零开始。他又开始奔波于街头，为那些海外的石油公司代理、推销设备产品。生活贫困而艰辛。

2002年，西气东输工程吸引了喀麦隆公司高层的目光。他们想以此为突破口，打开中国的销售市场。这是一个多大的工程啊，全世界同行的目光，都虎视眈眈地盯着这块香喷喷的大蛋糕。

王海荣在为海外石油公司代理推销设备产品的过程当中得知：1969年，阿波罗11号宇宙飞船的调节器，是由喀麦隆公司提供的。

这家美国的上市公司，有着175年的历史，是全球石油、天然气工业的巨头，一年的销售额达几十亿美元，在行业内久负盛名。但截止到2001年，由于种种原因，这家公司一直徘徊在中国市场之外。这回喀麦隆公司终于看上了中国市场，是千载难逢的好机会。他不想放弃这个机会，可由于自己的公司资金、能力不够，于是主动找上门来，想和这家公司合作，一同竞标。可喀麦隆驻中国首席代表刘志刚，对王海荣不景气的小公司压根儿没有信心。

此时，他发现喀麦隆公司产品的质量虽然No.1，可是售价却比别人高出20%，在竞标过程中，价格上明显处于劣势。加之同行其他竞争对手的抵触，一度让他们打算放弃此行的目的。就在喀麦隆公司想要放弃的时候，王海荣主动提出：以代理公司的方式，代替他们竞标。此话一出，很多人都认为，这一次，喀麦隆公司的产品没戏了。他们不仅产品价格高，在他们的报价过程中，又多了一个中间商。而中间商在运作过程中，一定要加入相关的成本，价格会更高。可是，结果却出乎所有人预料，喀麦隆公司最终居然以倒数第二的低价，没有任何争议地中标了，赢得了西气东输工程的长庆市场。一时间，大家都议论纷纷，王海荣这个价钱，到底是怎么报的呢？

原来，他们公司在运作过程中，没有加任何利润。直接以拿到的工厂报价，作为销售价进行出售。这就意味着，一单20万美元的生意，王海荣不但要以进货价格卖出去，还要搭上时间、人力成本。并且自己垫付10%的质保金，以此降低竞标的价格。这样一来，损失的全是王海荣自己的钱。

王海荣舍去自己几十万元的利益，不但为合作伙伴赢得了生意，也为自己赢得了机会。如今，喀麦隆公司在中国的年销售额超过1亿美元。这其中，有30%~50%都是由王海荣代理的。2007年，王海荣的公司在新加坡成功上市。

当别人问他："商人商人，经商就为赚钱得利，哪有赔本赚吆喝的主呢？"他回答说："舍得，舍得，唯有先舍，才能获得。只有勇于舍弃眼前的小利，做出一些牺牲才能得到长远的利益。否则人家实力那么强的公司，会和我这个一文不名的小公司合作吗？”

智慧宝箱

昙花放弃白天展现自己的美好时光，而孤立于夜晚的寂静之中，但昙花一现，短短的一刹那，这不仅使它博得黑夜的亲昵，更使得它傲雪凌寒地盛开。那可是黑夜中最美的一道光。王海荣能勇于牺牲个人财富，又得到了更大的回报，就是那么一刹那，你想做发现这道光的人吗？那你就得像他一样学会放弃，那样，昙花便会在你身边一现。

学会变通

1948 年夏，为扭转全国严重的财政危机，蒋介石特派儿子蒋经国督导上海地区经济管制，并组成了逮捕不法之徒的“打虎大队”。恰在这时，杜月笙的三儿子杜维屏因私自套汇港币 45 万元外汇，被蒋经国查获。蒋大为震怒，立即下令逮捕了杜维屏，这在上海滩引起了巨大震动。

杜月笙，旧中国上海滩著名的流氓大亨，十里洋场的“第一号闻人”和“工商界巨子”，其权势之显赫，甚至敢于在“太子”头上动土。对杜月笙来讲，从来只有“损”人，没有被人损过。对于蒋经国的下马威，杜氏门徒建议“老师”给蒋经国点颜色看看，让这位“皇太子”知道上海滩不是新赣南。但杜月笙却不动声色，既不向主管方面求情，也不跟亲朋故旧诉苦，反而一本正经地说：“国法之前，人人平等，杜维屏果若有罪，我不可能也不应该去救他。怕什么，我有八个儿子，缺他一个，又有何妨？”其实，杜月笙暗中却在窥探着反击的机会。

一天，蒋经国把各业巨头约到浦东大楼，准备对杜月笙施加新的压力。杜明知是“皇太子”摆的“鸿门宴”，却不便“拒邀”。会议一开始，蒋经国即正色道：“对这次币制改革，上海各界人士热烈赞助者很多，但有少数不明大义的人，投机倒把，囤积居奇，兴风作浪，影响国计民生。本人此次进行经济检查，若囤积物资逾期不放，一经查出，全部没收，并予法办。”

蒋经国的话显然是讲给杜月笙听的。岂料他的话音刚落，杜即起立发言：“我儿子违反国家的规定，是我管教不严，我把他交给蒋先生依法惩办。不过我有一个要求，也可以说是今天到会各位的要求，就是请蒋先生派人到‘扬子公司’的仓库去检查检查。扬子公司在囤积的货色方面尽人皆知，是上海首屈一指的。今天我的亲友的物资被查封，也希望蒋先生能一视同仁，把扬子囤货同样予以查封，这样才服人心。”杜月笙还软中带硬地说：“倘若蒋先生吃不准，我可以陪你检查。闲话一句，我身体有病，不能多坐了。”说完离座而去。杜的发言犹如一颗重磅炸弹，语惊四座。工商界巨头们不禁暗中佩服这位大亨。杜既然敢在老虎头上拍苍蝇，“皇太子”自然也不会示弱，他立即表示“扬子”如有犯法行为，绝不宽恕。

顿时，“扬子囤货案”弄得满城风雨，街谈巷议，纷纷嘲讽蒋氏家族的丑闻。扬子公司原是一家“皇亲国戚”公司，孔祥熙的大公子孔令侃是这家公司的董事长兼总经理。孔少爷凭着自己是蒋介石的外甥，根本不把“打虎大队”看在眼里。但杜月笙先发制人，蒋经国又不能按兵不动，遂下令查封了“扬子”之仓库。孔令侃立即向小姨妈宋美龄求援，哭诉蒋经国残害手足的举止。宋在调解未果的情况下，又搬出了蒋介石。蒋介石听罢原委后，不禁埋怨起儿子来，认为他毕竟出道不久，怎么假戏真做，打“虎”打到自己家族头上来了，结果，扬子一案不了了之，杜月笙的三公子也早在此事了结之前出了监狱。杜月笙以柔克刚救子这一手实在是“辣”呀！

智慧宝箱

青少年做人要学会变通，不能拿着鸡蛋与石头硬碰，因为这样的结果往往是两败俱伤。所以，硬的行不通时，就来点软的，以退为进达到以柔克刚的目的。不要一味的硬下去，那样只能会被撞个头破血流。

第十五章

勇敢去挑战，做自己的英雄

斯巴达克斯的跨越

在古罗马的历史上，斯巴达克斯是一位值得大书特书的奴隶英雄。他的一生波澜壮阔，他的英雄业绩载入史册，为后人所敬仰。他认为在自己的一生中，最受益和最难忘的人和事，就是母亲的一句话："前进一步。"

斯巴达克斯年少时开始学习剑术，一次他与同伴切磋剑术，当他还没有将剑刺到对手身上的时候，对手的剑却早已刺到了他的身上。斯巴达克斯很懊恼，抱怨自己的剑太短了。

这时，在一旁观看的母亲走过来，拍了拍他的肩膀，坚定地说："不，孩子，如果你前进一步，你的剑不就长了吗？"

母亲是孩子的上帝。有时候，母亲的一句话可以改变一个孩子的人生轨迹。从此，"前进一步"鼓舞着斯巴达克斯一步又一步地不断前进！

身为奴隶的斯巴达克斯，其英勇与善战，其智慧与力量，就连罗马的高层统治者也佩服得五体投地。经过罗马最高独裁者苏拉的同意，他获得了自由。自由，对于奴隶来说，无疑是高于一切的。

斯巴达克斯在无比宝贵的自由面前，没有满足，没有停步，他要"前进一步"，他要拯救自己的妹妹，拯救一切角斗士，拯救一切奴隶。他庄严地向古罗马的奴隶制度怒吼："我诅咒把世界上的人类划分为自由人和奴隶的一切统治者！"

在斯巴达克斯的号召下，罗马的角斗士在伦杜鲁斯举行了令罗马统治者胆战心惊的起义。在长达4年的征战中，斯巴达克所领导的起义军为了自由而浴血奋战，他们用自己的血肉之躯给了罗马统治者以沉重的打击。角斗士和奴隶们在这场战争中，用“不自由，毋宁死”的大无畏气概证明：他们不仅是应当获得自由的人，而且是能够创建伟大功勋和推动历史前进的人。

斯巴达克斯在节节的胜利面前，没有满足，没有停步，他要“前进一步”，他要用自己的热血与生命，率领奴隶们为推翻万恶的奴隶制度和罗马暴政而奋斗。

历史上的每次进步，都是用热血和头颅来换取的。尽管斯巴达克斯的夙愿没能实现，起义军遭到了极其残酷的镇压，宁死不屈的7000名战士统统被吊死在从加普亚直通罗马的阿庇乌斯大道两边，但是斯巴达克斯所领导的起义顺应了历史的潮流，第一次敲响了古罗马奴隶制度的丧钟。

智慧宝箱

努力“再跨越一步”就是自强不息，永不满足；就是顺应潮流，与时俱进。努力“再跨越一步”，就像绳锯木断，就像水滴石穿。努力“再跨越一步”，再漫长的征途也会被充满斗志的青少年甩在身后，于是再险峻的山峰也会被你踩在脚下。

挑战铸就成功

作为拥有165年历史的啤酒品牌，蓝带进入中国已经20多年了，是第一个进入中国市场的国外高档啤酒品牌。在其发展历程中，蓝带啤酒获得了非常多的荣誉，多次在费城、巴拿马、哥伦比亚等国际博览会上获奖。为庆祝1876年在世界博览会上获得了最高荣誉，1882年蓝带啤酒在酒瓶上系上了蓝色丝带，蓝带啤酒的名称由此而来。

1958年，为纪念蓝带啤酒年产量达到390万桶，并累出售突破一亿桶，蓝带啤酒的logo被加上了红色绶带。蓝带也逐渐融入到美国文化中，它是《愤怒的公牛》中罗伯特·德尼罗喝的酒，也是克林特·伊斯特伍德在《老爷车》里喝的酒。2008年，奥巴马在参加总统竞选时，曾用蓝带啤酒招待选民。

上世纪80年代末，蓝带啤酒进入中国，成为最早进驻中国的高档啤酒品牌，并创造了啤酒行业人均利税连续六年第一的良好佳绩，成为中国消费者身份、地位和品位的代表。但是在国内啤酒市场激烈竞争的环境中，蓝带啤酒并没有一直享有尊贵和辉煌，在最近十年啤酒行业风生水起的局面中，蓝带一度走出了人们的视线。如何改变这样一种状况，再造蓝带啤酒的高端品牌形象，这样一个难题让蓝带的高层整整思考了三年。

啤酒一直都属于大众化的消费品：价格低廉，一瓶啤酒基本上维持在2~10元价格区间，更贵一点儿的也就是二三十元。蓝带决定走一条差异化路线，酿造顶级的啤酒，树立啤酒行业的制高点。他们请来了世界顶级酿酒师，开始打造“蓝带1844”，它的每一个酿造环节堪称啤酒史上的世界之最：进口顶级澳麦和进口特种麦芽，为“蓝带1844”带来了琥珀般的色泽；生长于美国雅基玛山谷的上乘啤酒花，令酒液充满了清爽的苦味和独特的芬芳；来自北回归线上唯一的绿洲——鼎湖山脉纯净泉水与独特的酿造技术，保证了“蓝带1844”的不凡品质；而全中国唯一的橡木桶醅香工艺，更使得“蓝带1844”打上鲜明的贵族印记，一系列不计成本的投入带给消费者的是前所未有的芬芳、醇厚、圆润、细腻的感官体验。

对应于“蓝带1844”的高端、高价，蓝带集团采取了与众不同的营销策略。通过对消费者进行适度的选择，掌握市场的主动控制权，“蓝带1844”并没有走大众化渠道，而是借助会员制营造自己小众私享的文化和氛围。他们首先从一类城市做起，由省会城市、大城市做起。他们在各地组建了1844俱乐部，以消费领袖、经济精英们为受众群。通过创建啤酒文化，影响高端消费群体。

不管从哪一方面来看，“蓝带1844”的推出都是对中国消费者消费能力、消费习惯、消费观念的一种挑战，虽然面前仍摆着许多的难题，但在调研和沟通的过程中，大家一致认为，按中国的经济发展潮流和消费水准，这款酒是应该开发的。在品质、工艺、文化的支撑下，在后期营销手段的拉动下，消费者会逐渐接受这样一款产品。他们认为蓝带是在创建一种啤酒文化，并就坚信这种独特的文化会在中国传播开来。

智慧宝箱

世界上没有什么是不劳而获的，如果不去奋斗，不去拼搏，是难以实现高远的目标的。所以，青少年无论遇到什么难题和挑战，都不要退缩，而要做自己的英雄，像蓝带1844的创造者一样，勇于面对挑战，有信心超越自己的辉煌与成就，咬紧牙根挺住，继续前进。这是对人的一种历练，也是想成就大事必备的阶段。

走出“我不能”

利娅是北卡罗来纳州一个小镇上的小学老师。

那天，她给学生们上了生动的一节课。她让学生们在纸上写出自己不能做到的事。所有的学生都全神贯注地埋头在纸上写着。一个十岁的男孩，他在纸上写道：“我无法把球踢过第二道底线”“我不会做三位数以上的除法”“我不知道如何让黛比喜欢我”等。他已经写完了半张纸，但却丝毫没有停下来的意思，仍旧很认真地继续写着。

每个学生都很认真地在纸上写下了一些句子，述说着他们做不到的事情。

利娅老师也正忙着在纸上写着她不能做到的事情，像“我不知道如何才能让约翰的母亲来参加家长会”“除了体罚之外，我不能耐心劝说艾伦”等。

大约过了 10 分钟，大部分学生已经写满了一整张纸，有的已经开始写第二页了。“同学们，写完一张纸就行了，不要再写了。”

等所有学生的纸都投入纸鞋盒以后，利娅老师把自己的纸也投了进去。然后，她把盒子盖上，夹在腋下，领着学生走出教室，沿着走廊向前走。

走着走着，队伍停了下来。利娅走进杂物室，找了一把铁锹。然后，她一只手拿着鞋盒，另一只手拿着铁锹，带着大家来到运动场最边远的角落里，开始挖起坑来。

学生们你一锹我一锹地轮流挖着，洞挖好后，他们把盒子放进去，然后又用泥土把盒子完全覆盖上。这样，每个人的所有“不能做到”的事情都被深深地埋在了这个“墓穴”里，埋在了 1 米深的泥土下面。

这时，利娅老师注视着围绕在这块小小的“墓地”周围的 31 个十多岁的孩子们，神情严肃地说：“孩子们，现在请你们手拉着手，低下来，我们准备默哀。”

“朋友们，今天我很荣幸能够邀请你们前来参加‘我不能’先生的葬礼。”利娅老师庄重地念着悼词，“‘我不能’先生在世的时候，曾经与我们的生命朝夕相处，您影响着、改变着我们每一个人的生活，有时甚至比任何人对我们的影响都要深刻得多。您的名字几乎每天都要出现在各种场合，比如学校、市政府、议会，甚至是白宫。当然，这对于我们来说是非常不幸的。

“现在，我们已经把您安葬在这里，并且为您立下了墓碑，刻上了墓志铭。希望您能够安息。

"愿'我不能'先生安息吧,也祝愿我们每一个人都能够振奋精神,勇往直前!阿门!"

接下来,利娅为"我不能"做了一个纸墓碑。

利娅老师把这个纸墓碑挂在教室里。每当有学生无意说出"我不能……"的时候,她只要指着这个象征死亡的标志,孩子们便会想起"我不能"先生已经死了,进而去想出积极的解决方法。

智慧宝箱

"我不能"经常在我们的耳边响起,这是你对自己的宣判。听多了你对自己说的"我不能",你很可能就会走进自卑的圈子,再也出不来。沉静在"我不能"的困境中,很多事情就真的无法去做。成功的字典里没有"我不能",经常告诉自己"我可以",就会在心里形成一种积极的暗示,很多看似超越自身能力所及的事情也可以迎刃而解。

勇敢挑战

威廉·怀拉是美国前职业棒球明星,40岁时因体力不济告别了体坛。重新回到普通人生活轨迹的他决定另找出路,开始新的人生。他给自己新的职业定位是保险公司推销员。他琢磨着,凭自己的知名度去保险公司应聘推销员不会有什么问题。可结果却出乎意料,人事部经理拒绝道"吃保险这碗饭必须笑容可掬,但您做不到,无法录用。"

威廉·怀拉这些年一直专注于棒球运动的训练,在赛场上他习惯了保持严肃而专注的表情,况且,他先天不是一个爱笑的人。面对冷遇,怀拉没有打退堂鼓,而是决心像当年初涉棒球领域那样从头开始。

首先是学会“笑”。他每天对着镜子练习各种“笑”，由于天天要在客厅里放开声音笑上几百次，邻居提出了抗议，他们对怀拉产生了误解：失业对他刺激太大，他神经出了问题。为了不干扰邻居，他只好把自己关进厕所里练习。

过了一个月，怀拉跑去见经理，当场展开笑脸。他以为自己这次应该能够得到保险推销员的职业了，然而得到的却是冷冰冰的回答：“不行！笑得不够。”

怀拉生来就有一种犟脾气，在棒球赛场上他从不服输，在新的人生战场上，虽然屡屡遇挫，但他反而越挫越勇。他回到家里继续苦练起来，发誓一定要练习出合格的笑容来。一次，他在路上遇见一个熟人，非常自然地笑着打招呼。对方惊叹道：“怀拉先生，一段时日不见，您的变化真大，和以前判若两人了！以前您总是一脸严肃的样子，现在却笑的这么轻松开心！从来没觉得您这么亲切过！”

听完熟人的评论，怀拉充满信心地再次去拜见经理，笑得很开心。

“您的笑有点意思了。”经理指出，“但我看得出来您的笑容是刻意露出来的，还不是真正发自内心的那一种。”

怀拉不气馁，再接再厉，最后终于如愿以偿，被保险公司录用。这位昔日棒球明星严肃冷漠的脸庞上，绽放出发自内心的婴儿般的笑容。那笑容是那样天真无邪，那样讨人喜欢，令顾客无法抗拒。就是靠这张并非天生而是苦练出来的笑脸，怀拉成了全美推销保险的高手，年收入突破百万美元。他再次达到人生道路的顶峰。

威廉·怀拉感慨着：“人是可以自我完善的，关键在于你有没有热情，有没有超越自己的决心。”任何人都会有热情，不同的是，有的人只有 30 分钟的热情，有的人热情可以保持 30 天，而一个成功者却能让热情持续 30 年乃至终生。热情激发出我们的潜能，让我们发挥出无穷的活力，是热情让怀拉笑迎挫折，最终成功。

智慧宝箱

威廉·怀拉付出了巨大的努力，承受了许多的挫折，从一个最不会笑的人变成一个最会笑的人，成功地成为了一名保险推销员，并且成为了行业中的佼佼者。他成功的关键是完善自我、超越自我的信念与热情，以及永不服输的精神。青少年朋友，当你做一件事情时感觉到困难时，不要轻易放弃它，也不要否定自我，认为自己没有完成这件事情。只要你肯像威廉·怀拉一样勇于突破瓶颈，挑战自我，就一定能够取得成功。

霍金的追逐

史蒂芬·霍金 1942 年出生于英国牛津。1942 年 1 月，纳粹德军轰滥炸英格兰，伦敦遭受几乎夜夜不停的空袭。这迫使霍金一家搬离海格特的家园，迁到牛津避难。霍金出生当天，正好是伽利略逝世 300 年忌日，父亲法兰克是毕业于牛津大学的热带病专家，母亲伊莎贝尔则是一位研究哲学、政治和经济的学者。小时候的霍金总是很多话，而且比一般的孩子学会阅读的时间晚，并且十分富有想象力，他的学业成绩并不突出，但喜欢设计极为复杂的玩具。

除了设计，霍金还有一个和其他孩子不同的特点，他总是只学习他想要了解的东西，如果不需要，他就不愿意学，父母经常把他和妹妹带到博物馆去，他喜欢留在科学博物馆，而妹妹喜欢留在自然历史博物馆。

1959 年，17 岁的霍金入读牛津大学的大学学院攻读自然科学，自称用了很少时间而得到一等荣誉学位，随后转读剑桥大学研究宇宙学。如果霍金像个普通的小伙子那样毕业以后继续读书或者工作，也许就没有今天的诸多荣誉。但是事情总是会向着人们难以预料的方面发展。

1963 年，刚刚过完 21 岁生日的霍金就被诊断患上了一种肌肉萎缩性侧索硬化症的疾病，这种疾病会慢慢失去所有生活的能力。大夫对他说，他的身体会越来越不听使唤，只有心脏、肺和大脑还能运转，到最后，心和肺也会失效。病人可以头脑清醒地感觉到自己呼吸肌肉失效，导致肺炎或窒息而死。霍金被“宣判”只剩两年的生命。

得知这个消息之后，霍金估计自己活不到完成博士论文了。然而，一年以后，疾病似乎缓和了下来。他还不需要轮椅，也不再觉得自己与死亡只有一步了。就在他感到很沮丧的时候，一位女士走进了他的生活，他们订了婚。这下霍金有了活下去的目标——如果要结婚，就必须有一份工作。

病情的恶化脚步放缓之后，霍金开始关注自己喜欢的专业知识，因为渐渐的，他已经无法自己走动，只能靠轮椅代步。他的一切条件只允许他成为一个“思想家”，于是，他开始研究广袤的宇宙和抽象的时空，不断的写作，并取得了巨大的成功。当他 28 岁的时候，就已经在学术上声誉日隆了。

他在轮椅上努力向一个正常人一样生活，但是免不了有一些小插曲。在一次坐轮椅回公寓时，被小汽车撞倒，头被划破，缝了 13 针，左臂骨折。但两天以后，他又回到办公室。他去乡间别墅，上坡时轮椅倒了，量子引力的大师级人物也被地球引力扔进了灌木丛。

1970 年 11 月的一个夜晚，霍金在慢慢爬上床时开始思考黑洞的问题。直觉告诉他，黑洞其实并不那么黑。3 年的思考后，这一直觉变成了完整的理论。霍金正式向世界宣布，黑洞不断地辐射出 X 光、伽马射线等，人们将之称为“霍金辐射”。

1988 年，霍金创作了自己的科普读物——《时间简史》，在这本书里，霍金以普通人能理解的方式来讲解一系列晦涩的宇宙问题：黑洞、宇宙的起源和命运、黑洞和时间旅行等。这本书很快成为物理学方面难得一见的畅销书。2001 年 10 月，他又创作了《果壳中的宇宙》。他还在科幻系列剧“星舰奇航记”中饰演过自己，并与爱因斯坦及牛顿一起打桥牌。看来轮椅上的生活，也并没有那么糟糕。

智慧宝箱

虽然霍金在身体上有着严重缺陷，但这些年来他一直同病痛做斗争，为科学事业做出了巨大的贡献。他不局限于现有的成就，跨越一个又一个极限，让生活过得精彩，把工作做得伟大。当我们感受到无法承担生活和学习中的压力时，觉得一切已经到了顶峰时，请想一想霍金，要像他一样，做生活和学习中的勇士和强者。

因为坚持而超越

一个农民，只上了几年学，家里就没钱继续供他上学了。他辍学回家，帮父亲耕种二亩薄田。在他 18 岁时，父亲去世了，家庭的重担全部压在了他的肩上。他要照顾身体不佳的母亲，还有一位瘫痪在床的祖母。

改革开放后，农田承包到户。他把一块水洼挖成池塘，想养鱼。但村里的干部告诉他，水田不能养鱼，只能种庄稼，他只好又把水塘填平。这件事成了一个笑话，在别人看来，他是一个想发财但又非常愚蠢的人。

听说养鸡能赚钱，他向亲戚借了 300 元钱，养起了鸡。但是一场大雨后，鸡得了鸡瘟，几天内全部死光。300 元对别人来说可能不算什么，对一个只靠二亩薄田生活的家庭而言，可谓天文数字。他的母亲受不了这个刺激，忧劳成疾而死。

他后来酿过酒，捕过鱼，甚至还在石矿的悬崖上帮人打过炮眼……可都没有赚到钱。

36 岁的时候，他还没有娶到媳妇。即使是离异的有孩子的女人也看不上他，因为他只有一间土屋，随时有可能在一场大雨后倒塌。娶不上老婆的男人，在农村是没有人看得起的。

不过，他还是没有放弃，不久他就四处借钱买一辆手扶拖拉机。不料，上路不到半个月，这辆拖拉机就载着他冲入一条河里。他断了一条腿，成了瘸子。而那拖拉机，被人捞起来，已经支离破碎，他只能拆开它，当做废铁卖。

所有的人都说他这辈子完了。

但是，多年后他还是成了一家公司的老总，手中有一亿元的资产。现在，许多人都知道他苦难的过去和富有传奇色彩的创业经历。许多媒体采访过他，许多报告文学描述过他。曾经有记者这样采访他。

记者问："在苦难的日子里，你凭借什么一次又一次毫不退缩？"

他坐在宽大豪华的老板台后面，喝完了手里的一杯水。然后，他把玻璃杯子握在手里，反问记者："如果我松手，这只杯子会怎样？"

记者说："摔在地上，碎了。"

"那我们试试看。"他说。

他手一松，杯子掉到地上发出清脆的声音，但并没有破碎，而是完好无损。他说："即使有 10 个人在场，他们都会认为这只杯子必碎无疑。但是，这只杯子不是普通的玻璃杯，而是用玻璃钢制作的。"

智慧宝箱

挫折并不保证你会得到完全绽开的成功的花朵，它只提供成功的种子。饱受挫折折磨的人，必须自己努力去寻找这颗种子，并且以明确的目标给它养分并栽培它，否则它不可能开花、结果。很多时候，很多困难，我们以为支撑不下去了，承受不了了。但是，也许我们哪怕只是往前再迈进一小步，超越自己的瓶颈，事情往往就会出现很大的改观。

勇敢迈出第一步

一年冬天，在一个山区中学的教室里，严酷的天气使气温下降到零下十几度，狂风和暴雪让天气显得更加寒冷。整个教室里的人都在喊冷，读书的心思已被冻住了，一屋的跺脚声。

鼻头红红的李老师走进教室时，等待了许久的风席卷而入，墙壁上的《世界地图》一鼓一顿，开玩笑似的卷向空中，又一个跟头栽了下来。

往日很温和的李老师一反常态，满脸的严肃庄重甚至冷酷，一如室外的天气。

乱哄哄的教室静了下来，学生们惊异地望着李老师。

“请同学们放好书本，我们到操场上去。”

几十双眼睛在问。

“因为我们要在操场上立正 5 分钟。”

即使李老师下了“不上这堂课，永远别上我的课”的恐吓之词，还是有几个娇滴滴的女生和几个很壮的男生没有出教室。

操场在学校的东北角，北边是空旷的菜园，再北是一口水塘。

那天，操场、菜园和水塘被雪连成了一个整体。

矮了许多的篮球架被雪粒打得“啪啪”作响，卷地而起的雪粒呛得人睁不开眼张不开口。脸上像有无数把细窄的刀在拉在划，厚实的衣服像铁块冰块，脚像是踩在带冰碴的水里。

学生们挤在教室的屋檐下，不肯迈向操场半步。

李老师没有说什么，面对学生们站定，脱下羽绒衣，线衣脱到一半，风雪帮他完成了另一半。“到操场上去，站好。”李老师脸色苍白，一字一顿地对学生们说。

谁也没有吭声，学生们老老实实地到操场上排好了三列纵队。

瘦削的李老师只穿了一件白衬褂，更显单薄。

学生们规规矩矩地立着。

5 分钟过去了，李老师平静地说：“解散。”

回到教室，李老师说：“在教室时，我们都以为自己敌不过那场风雪。事实上，叫你们站半个小时，你们也顶得住，叫你们只穿一件衬衫，你们也顶得住。面对困难，许多人戴了放大镜，但和困难拼搏一番，你会觉得，困难不过如此！”学生们很庆幸，自己没有缩在教室里，在那个风雪交加的时候，在那个空旷的操场上，他们学到了人生重要的一课。

智慧宝箱

成功者与失败者之间的分水岭，有时并不在于他们之间有天地之间的差距，而在于勇气的多少。如果青少年内心充满勇气，那么没有什么东西可以阻碍他走向成功。扔下“放大镜”，勇敢地迈出第一步，你会惊喜地发现，原来成功并不难。

有“瑕疵”的芭比娃娃

十多年前，在纽约的第五号大街有一家名叫 mga 的玩具商店，老板拉里恩的经营理念是“销售不如生产”。凭借着这种理念，他决定生产一种专属于自己商店的娃娃，于是以自己的商店名称命名开办了一家小小的玩具娃娃公司，并给娃娃取了一个很可爱的名字：Bratz。

拉里恩的朋友们都不支持他的做法。大家都说他简直是疯了，因为在玩具娃娃当中，已经有一个几乎“雄霸天下”的完美经典，那就是诞生于1959年的“芭比”！她以高贵和典雅著称，白皙无瑕的皮肤，雍容华贵的服装，在几代人的心目当中，芭比娃娃简直就像公主一般完美，已经成为了人们心中的不可逾越的经典。你如何去和人们心中的经典去竞争？拉里恩的朋友果然没有说错，他的Bratz娃娃一生产出来就被积压在了仓库里无人问津，仅仅两个月后他就无奈地选择了暂时关闭工厂。

难道完美经典就真的无懈可击？拉里恩心里困惑极了，他从未感到过如此强烈的挫败感。在一个周末的清晨，他独自一人拿起陈列在书房里的Bratz娃娃深思了起来：究竟怎样才可以让自己生产的娃娃找到出路，被人们所爱上？这时，他那只有七岁的孩子走了进来，在玩耍的时候，他的孩子不小心将几滴墨水溅到了Bratz的脸上，本来就不够完美的娃娃显得更有缺陷了。可让人意外的是，他的孩子反而开心地一把抱起Bratz走到镜子前哈哈地笑了起来。拉里恩奇怪极了，孩子平时并不喜欢这个陈列在家里的娃娃，可为什么它的脸上一有瑕疵，他反而更喜欢了？

“你不觉得她和我很像吗？看她那一脸的雀斑，真可爱！”他的孩子指着Bratz脸上的墨水污渍说。

“雀斑？”拉里恩细细看去，发现孩子说的确实很形象，娃娃脸上的墨水污点果真像极了是孩子脸上的雀斑。拉里恩大胆地想：太完美的形象是不是容易给人一种不真实的感觉，而瑕疵的出现却拉近了这些娃娃和人们之间的距离，成了人们身边切实存在的朋友，甚至就是他们自己？拉里恩这样一想，一条新的思路从头脑中萌发，他心里顿时一阵激动：这其中是不是暗示着某一条能够超越经典的途径？

不久后，拉里恩为自己的Bratz娃娃打造了一个共有5位成员的组合，她们肤色各异，来自不同种族，着装前卫，热力四射。重点的地方是，拉里恩有意识地在她们的脸上制造了一些雀斑，这些“瑕疵”使这些娃娃显得与众不同，让人们一看到就觉得耳目一新，虽然她们不完美，但却更为亲切和特别。

推向市场后，相继被包括沃尔玛和玩具反斗城在内的各大连锁百货公司看中收入橱窗，其平民化的特点很快得到了消费者的普遍认同，在当年的圣诞节的礼物销售市场中，Bratz 娃娃就以让人难以想象的销量一举击败了芭比娃娃，排名时装玩偶第一，受欢迎程度震惊了所有人，创造了玩具业中的又一个奇迹。

为了扩大品牌影响力，拉里恩接着又为 Bratz 娃娃加入了激光唱片播放机、电话和其他生活时尚产品，并授权开发了包括寝具、太阳镜、鞋和电子游戏等一系列 Bratz 品牌产品，仅用了两年时间，Bratz 娃娃就成功打入了国际市场，彻底打破芭比“独揽天下”数十年的局面。

经过十年的发展，拉里恩用持续的市场销量说明了 Bratz 已经成为世界上最受欢迎的玩具娃娃，美国《时代》杂志这样评价说：“拉里恩创造了一个不可思议的奇迹——用瑕疵超越了完美的经典！”

智慧宝箱

拉里恩并没有被所谓的无法逾越的经典所限制住，而是以特别的方式超越的经典。如果当时拉里恩一味地想把 Bratz 做得比芭比娃娃更美，那么他肯定无法取得今天的成功。当我们遭遇强劲的对手时，不要胆怯，不要认为那是不可逾越的。超越强者的优势也许是困难的，但从他的劣势着手，发展他所欠缺的东西，争取在综合实力上超越他。

读书吧，少年！

少年朋友：

如果你想成为未来的科学家、文学家、企业家，有一个“智囊团”可以帮你！

如果你想成为未来的政治家、军事家，实现人生的远大目标与梦想，也有一个“智囊团”可以帮你。

那么，这个“智囊团”是谁呢？

其实，“它”就在你的身边，它的名字叫“图书”。

少年朋友，请你读书吧！请与神奇的“智囊团”交朋友，它会给你知识，给你力量，给你在成才之路上所需要的一切。

世界上公认最爱读书的国家是以色列。以色列人均每年读书64本。而占以色列全国人口80%以上的犹太人，人均每年读书甚至达到68本之多。犹太人有个习俗，当孩子出生时，母亲就会翻开《圣经》，滴上一滴蜂蜜，让小孩去舔，通过这一舔，让孩子对书产生美好的第一印象：书是甜的。当孩子稍稍懂事时，几乎每一个母亲都会问这样一个问题：“假如有一天家里突然失火，你首先会抢救什么？”当孩子回答是钱或钻石时，母亲会严肃地告诉他：“这些都不重要，你首先应该抢救的是书！书里藏着的是智慧，这要比钱或钻石贵重得多，而且智慧是任何人都抢不走的。”

读书可以让你们增加知识、开阔眼界，可以使你们在知识的天空中翱翔。

读书可以让你们增长智慧和勇气，可以使你们打开人类智慧的宝库，点亮一盏人性的心灯，吹响德与智的号角，保持前行的勇气和精神力量。

读书可以让你们增加人生乐趣，创造美好生活。书籍可以使人跨越世俗的藩篱，睁开蒙昧的眼睛，打开紧闭的心门，走向光明的未来。

少年朋友们，让我们亲近书籍，多多地读书吧。让我们一起感受书籍带来的智慧，在阅读中快乐、幸福地成长。